南方复杂场景遥感图像深度学习解译与应用实践

黄友菊　吴　慧　韩广萍　主编

中国建筑工业出版社

图书在版编目（CIP）数据

南方复杂场景遥感图像深度学习解译与应用实践 /
黄友菊，吴慧，韩广萍主编 . -- 北京 ：中国建筑工业出
版社，2025. 1. -- ISBN 978-7-112-30751-7

Ⅰ. V474. 2

中国国家版本馆 CIP 数据核字第 2025TV0307 号

针对各行业目前发展日益旺盛的卫星遥感智能解译需求，本书以基于深度学习技术的卫星遥感智能解译为主线，分别讲述了深度学习技术原理、解译样本构建和模型训练、各行业业务应用案例三大内容。本书的特色在于跨越了技术原理与应用实践，加入了各行业遥感智能解译案例，并且区别于遥感应用较为成熟的平原区域，本书以地形地貌、气候和土地利用等复杂的我国南方地区为主要应用实践地区，为读者开展在南方复杂场景的卫星遥感智能解译业务应用提供具体参考案例。

本书可供相关专业从业人员及大中专院校师生使用。

责任编辑：高 悦
责任校对：赵 力

南方复杂场景遥感图像深度学习解译与应用实践
黄友菊 吴 慧 韩广萍 主编

*

中国建筑工业出版社出版、发行（北京海淀三里河路9号）
各地新华书店、建筑书店经销
北京光大印艺文化发展有限公司制版
建工社（河北）印刷有限公司印刷

*

开本：787毫米×1092毫米 1/16 印张：11½ 字数：282千字
2025年1月第一版 2025年1月第一次印刷
定价：**78. 00**元
ISBN 978-7-112-30751-7
（43977）

本书编委会

主　编：黄友菊　吴　慧　韩广萍

副主编：罗　恒　赵学松　郭小玉　雷江涛　海　敏

编　委：聂　娜　覃　宇　李晓翔　梁柳铄　麦　超

　　　　经纬明　韦达铭　王雨聪　崔云蕾　刘伟光

　　　　农志铣　龙超俊　邓荣华　赵岐东　谢永繁

　　　　钟　舜　覃怡婷　覃　健

随着遥感技术的飞速发展，我们已经进入了一个能够从太空到地面各个层面获取大量图像数据的时代。遥感图像以其覆盖范围广、获取速度快、信息丰富等特点，在资源勘测、环境监测、城市规划、灾害预警等多个领域发挥着越来越重要的作用。然而，面对卫星遥感数据在时间频次、空间分辨率和数据源上的爆发式增长，以及遥感应用需求不断提升，传统的遥感图像处理方法已难以满足现代应用的需求。因此，深度学习技术在遥感图像解译领域的应用应运而生，并迅速成为研究热点。

南方地区以其独特的地理环境、丰富的自然资源和复杂的人文背景，为遥感图像解译应用带来了诸多挑战。本书汇集了编者多年在该领域的研究成果和实践经验，旨在探讨深度学习技术在南方复杂场景遥感图像解译中的应用，并通过实践案例展示其在实际工作中的效果。

本书首章深入剖析现代遥感技术的研究应用现状及其发展趋势，结合南方复杂场景的特征多角度分析了南方复杂场景遥感图像智能解译技术挑战和应用问题。第二章系统地阐述了深度学习的原理，从其发展脉络到核心构成要素，如卷积层、激活函数、池化层、全连接层等，并阐述了图像分类、语义分割、目标检测和变化检测模型的发展及架构。第三章专注于遥感影像数据处理的策略与技巧，全面介绍了多源遥感影像数据的特性以及传统与深度学习相结合的处理技术。第四章重点介绍面向业务的遥感深度学习解译模型构建的步骤、方法及要求。第五章从实现深度学习智能解译技术工程化应用的角度出发，介绍南方复杂场景遥感影像智能处理与解译应用系统建设思路、整体架构、功能设计和关键技术，为读者提供技术应用思路参考。第六章为应用实践部分，主要通过实践案例介绍和展示南方复杂场景遥感图像深度学习解译技术在自然资源监测监管、农业调查与统计、森林资源监测监管、海岸带监测等方面的应用及成效。

本书适合遥感、地理信息、计算机视觉等领域的科研人员和工程师阅读。通过本书的学习，读者将能够掌握深度学习技术在遥感图像解译中的应用方法，并能够针对实际问题提出创新的解决方案。

本书编写者均来自作业一线的技术人员，编写中力求内容的前沿性、实用性和系统性，以期为读者提供一本全面、深入、易懂的参考书籍。因作者的知识和经验有限，书中可能存在一些不足之处，敬请读者提出宝贵的意见和建议，以便进一步改进和完善。

2024 年 8 月

目　录

—

1 》》 概述

1.1 现代遥感技术发展现状与趋势

遥感是一种利用航空、航天等平台从远距离感知目标物反射或自身辐射的电磁波信息，对目标进行探测和识别的技术。它在数据获取、处理、解译和应用等方面都取得了显著进展，现今在全球范围内已经成为各国竞争的高科技前沿。几十年来，随着遥感技术的迅速发展，卫星的空间分辨率、时间分辨率、光谱分辨率等技术指标不断提高。现代遥感技术能够通过光学、雷达、红外等多种方式，捕捉地球表面的详细信息，形成海量的数据。这些数据不仅丰富，而且通过高分辨率的卫星成像，如光学卫星和雷达卫星，它们提供了前所未有的地表覆盖和细节层次。随着越来越多的卫星被发射到轨道上，我们获取的数据量正在迅速增长，同时各行各业对卫星数据及技术的应用需求日益增长，从农业到城市规划，从环境监测到灾害管理，都对遥感数据及技术有着极高的依赖度，这进一步推动了数据处理、解译、应用技术的快速发展。

在数据获取方面，遥感技术已经从单一的光学遥感发展到包括红外、微波、激光等多种传感器的综合应用。高分辨率、多光谱、高光谱、合成孔径雷达（SAR）等技术的出现，使得遥感数据的获取更加精确和多样化。目前，中国遥感卫星已经发展成为包括陆地、海洋、气象等系列卫星的庞大对地观测系统。《中国地理信息产业发展报告（2024）》显示，截至到 2023 年底，我国在轨的民用遥感卫星达 443 颗，商业遥感卫星在轨已超过 323 颗，居世界第二位，遥感数据获取覆盖能力大幅提升，全国基本形成了大规模、高频次、业务化的卫星影像获取能力和数据保障体系。与此同时，美国、德国、日本、俄罗斯、以色列等国家也拥有自主研发的高分辨率光学或雷达遥感卫星，具备强大的全球地理空间数据获取能力。其中一些典型的卫星系列如美国国家航空航天局（NASA，National Aeronautics and Space Administration）的陆地观测系列卫星（Landsat）、美国国家海洋大气局（NOAA，National Oceanic and Atmospheric Administration）气象观测系列卫星、欧洲航天局哥白尼计划（GMES，Global Monitoring for Environment and Security）中的地球观测哨兵系列卫星、日本的对地观测（ALOS，Advanced Land Observation Satellite）系列卫星，以及中国的资源（ZY）、高分（GF）和环境（HJ）系列卫星。在数据层面上，遥感数据已经体现了体量大（Volume）、种类多（Variety）、变化快（Velocity）、准确性（Veracity）和高价值（Value）的"5V"特征，进入了一个前所未有的遥感大数据时代。

在数据处理与解译方面，随着计算机、大数据分析等技术的发展应用，数据处理能力显著提高。图像处理软件和算法不断优化，能够快速处理大量数据，处理更复杂的地表特征和环境变化，并提供从地表覆盖分类、植被指数计算到灾害监测、城市规划等多方面的有用信息。通过结合地面实测数据、多源遥感数据，解译的精度和可靠性得到了进一步提升。在数据处理方面，随着空、天、地等多种遥感手段的综合应用，多源数据融合技术变得尤为重要，通过整合不同类型、分辨率和时间获取的遥感数据，例如光学影像与雷达影像、多光谱与高光谱数据，提供了更为丰富和互补的信息层次，从而加深了对地物特性的理解和分析。Li 等人为了整合这些多源数据提供的互补信息，通过设计基于特定领域知识的手工特征和利用粗糙的融合策略来深入研究传统方法，这不可避免地损害了融合性能，而深度学习通过自适应地实现特征提取和融合，在模拟输入和输出数据之间的复杂关系方面显示出巨大的潜力。与此同时，许多学者通过深度学习算法能够实现图像的超分辨率重建、去噪、特征提取等功能，极大地提高了遥感图像的处理效率和精度。如 Chen 等人为了解决现有图像超分辨率重建方法中特征图中低频分量和高频分量被同等对待的问题，提出一种利用注意力机制结合特征图的图像超分辨率重建方法，以促进从原始低分辨率图像到多尺度超分辨率图像的重建。Liu 等人提出一种动态自适应注意力引导自监督单遥感图像去噪网络（DAA-SSID）。Li 等人通过集成学习和深度卷积神经网络，可从大量的遥感图像中自动提取地形特征。在遥感图像解译方面，经历了人工目视解译、计算机辅助解译、自动解译、智能解译四个重要阶段，每个阶段都为后续的技术进步奠定了基础。最初，主要依靠专业人员对遥感图像进行目视判读，通过图像上的颜色、纹理、形状等特征来识别地物。随着计算机技术的发展，人们开始利用计算机辅助开展遥感图像解译，早期的方法主要采用基于像素的边缘检测和区域分割技术辅助进行图像信息分类处理。边缘检测能够捕捉灰度或彩色值的局部变化，而区域分割则侧重于特征的相似性和均匀性。尽管这些方法在简单图像处理中有效，但在处理复杂的遥感图像时，它们面临着光照变化、阴影、遮挡等挑战，尤其是在多光谱和高光谱图像的应用上。后来，机器学习方法开始被引入，其中包括支持向量机（SVM）、随机森林等算法，它们尝试自动化特征提取并应用于遥感图像分类。这一阶段，传统的基于像元的分类方法逐渐演变为基于对象的分类方法，后者通过集合临近像元为对象，利用空间、纹理和光谱信息进行更高精度的分类。面向对象的分类技术有效地解决了高分辨率影像中的"椒盐效应"，提高了分类精度，但这些传统算法在处理高维数据和大规模图像时仍面临诸多挑战。近些年，深度学习技术迅速发展为遥感图像解译领域带来了革命性的变化。作为机器学习的一个分支，深度学习通过构建深层的神经网络模型，能够自动从原始数据中学习高层级的特征表示。研究学者们通过深度学习框架和模型，如智能遥感深度学习框架和深度卷积网络（CNN、Transformer），针对遥感影像的大幅面、多尺度和多通道特点进行了优化设计。这些技术在分类、目标检测、语义分割等领域得到了广泛应用，显著提高了解译的精度和效率。同时，深度学习模型的应用促进了大范围、高精度、多类型开源样本数据库的建立，为模型训练提供了必要的数据支持。当前，遥感图像解译技术正朝着智能化方向发展，吸引了众多学者的关注和研究。张等人提出的智能解译总体框架，通过地理知识图谱构建和深度学习模型构建，形式化描述和推理计算，提升了模型对地理空间的理解能力，增强了先验知识的利用率，并有助于获取更丰富的地理空间相关知识，为遥感影像的语义分类提供了新的思路。该框架不仅关注解译精度，还强调了对地理场景深入认知的重要性，推动了从数据到信息、再到知识和智能的深度转化。周等人基于深度学习的地理对象图像分析（GEOBIA），模拟人脑对地物的识别过程，实现了遥感图像中地理对象的自动分类和信息提取，提高了遥感图像解译的自动化和智能化水平。张等人还指出，目前基于遥感影像的自然资源要素提取主要依赖于人机交互的目视解译和外业核查方法，这些方法劳动强度大、效率低，且受人为因素影响较多，难以满足自然资源全要素、全流程、全覆盖一体化调查监测的新要求。因此，他们提出了一种"智能计算后台+智能引擎+人机交互前台"的技术框架，用于人机协同智能提取自然资源要素。该框架集成人类知识和机器智能，以提高提取效率、精度和自动化程度。如今，深度学习技术研究及应用不断深化，大数据分析、知识图谱、遥感大模型等先进技术逐步被引入，遥感图像智能解译技术将迅速发展。

在应用方面，遥感数据及技术早已广泛应用于农业、林业、气象、地质、海洋、城市规划、环境保护等多个领域。在农业方面，遥感技术被广泛应用于作物生长监测、病虫害预警、农田环境评估等方面，为农业生产提供了重要的技术支持。在城市规划与建设中，遥感技术为城市规划者提供了详尽的城市地貌、交通状况及建筑分布等数据，有助于优化城市布局和交通网络。在环境保护方面，遥感技术用于监测水体污染、空气质量等环境问题，也为自然保护区和生态红线监管、生态环保督察、生态环境执法、生态环境应急监测、减污降碳监测提供技术支撑，为环境保护和治理提供了科学依据。在自然资源方面，第二次、第三次国土调查以及每年开展综合监测监管、执法督查、国土空间规划、国土综合整治项目等重点工作主要依赖遥感技术手段，也在矿产资源调查、地质灾害风险调查评价、矿山环境监测、矿产资源潜力评价等工作中发挥了重要作用。在林业方面，森林资源调查、监测、森林覆盖率考核等常态业务工作已将卫星遥感监测作为主要技术手段。在海洋生态监测方面，遥感技术服务红树林生态监测、海岛海域动态监测、海洋防灾减灾和生态预警等海洋与海岸带的开发利用与管理工作。

可见，遥感技术已全面融入国家治理体系和国民经济建设，在自然资源、农林水利、防灾减灾、生态环境、城市管理、交通、国家重大工程建设等业务领域发挥至关重要作用，成为经济建设、国家安全和人类社会可持续发展的关键支撑和战略性信息资源。

在遥感解译技术应用方面，一些高校或研究机构不断深化应用技术研究，同时各级政府也积极开展创新应用，在生态保护、资源监管、农业调查等方面的诸多业务工作中技术方法、服务方式不断革新；技术方法上，从采用全人工目视解译、人机交互解译转向积极尝试应用遥感智能解译技术；服务方式上，借助地理信息技术建设各类业务应用服务系统或移动 App 实现精准、可视、高效的应用服务，切实发挥了很好的技术支撑作用。遥感智能解译技术也已经开始在精准扶贫评估、湿地变化及空间分析、作物产量估算等领域发挥作用，显著提升了遥感数据的智能分析能力；在建筑物提取、道路自动提取等应用案例中展现出了高效性能。但是，受地理环境、经济发展、技术水平、管理对象等因素影响，不同地域或业务领域对遥感、地理信息数据及技术的应用需求和应用深度、广度不同，其应用效果各异，在解决技术难题提升应用成效方面存在一些共性或个性问题。作为南方复杂场景的典型代表省份，广西在历年各政府管理工作中进行了较多技术创新应用尝试，取得了较好成效。在 2017—2024 年广西森林资源变化监测工作中，先后探索采用全人工目视解译、人机交互解译、智能遥感解译等方法，基于中、高分辨率光学卫星数据，对比监测广西全区林木砍伐、造林、林区建设占用、保护区人类活动等动态变化情况，取得了很好成效。到 2023 年全面采用深度学习模型提取林地变化图斑，实现了年度、季度到月度监测的转变,同时变化信息提取精度大幅提升,相较以往人工目视解译方法图斑解译正判率提升 8%以上。2019 年开始,在广西农业调查统计中利用无人机、卫星遥感、人工智能技术,实现了调查统计样方内水稻种植智能提取及自动化统计业务应用。2020 年,在基础地理数据更新、卫片执法、城乡建设用地增减挂项目核查、矿山环境现状调查、乱占耕地建房等自然资源管理工作中积极探索利用深度学习等技术方法实现人工建设、矿山复绿、矿区范围等图斑自动提取,并不同程度地开展了业务化应用,形成了一些面向南方复杂场景的智能遥感解译技术研究与应用工作基础及经验,但同时也依然面临着较多工作困难和技术挑战。

1.2 南方复杂场景遥感图像智能处理与解译应用挑战

1.2.1 南方复杂场景概况

我国地形复杂,地貌景观形态各异,南方地区以平原、盆地、高原和丘陵交错分布为主要地形特征,其中地处我国南疆的广西、云南、广东等沿海沿边省份,地形地貌及气候等自然地理特征尤其复杂且地理位置特殊,以地势多变、地表结构复杂、植被丰富、土地覆盖类型多样等特点而闻名,是遥感解译领域中南方复杂场景的主要代表,是南方重要生态安全屏障、华南地区"绿肺"和珠江流域重要的水源涵养区,也是卫星遥感技术研究与应用的天然试验场。其复杂性体现于:

1. 地形地貌的复杂性

我国南方地区地形地貌复杂多样,多山地丘陵、盆地与平原交错分布,尤其是广西地区,地形多样且喀斯特地貌广布,这种复杂的地形地貌对遥感图像解译构成了显著挑战。山地和丘陵地区的地形起伏大,导致遥感图像中的地物几何变形和阴影问题突出,增加了图像预处理和特征提取的难度。此外,不同地形地貌对太阳辐射的反射和散射特性各异,使得地物在遥感图像中的光谱特征复杂化,进一步增加了分类和解译的难度。

2. 气候条件的复杂性

南方地区气候湿润多雨,云雾天气频繁。这种气候条件对遥感数据的获取、处理和解译都带来了不利影响。云雾的遮挡会导致遥感图像中地物信息的丢失或混淆,特别是在多云多雾的季节,遥感数据的可用性和质量都会大幅下降。同时,气候条件的变化还会影响地物的光谱特征,使得同一地物在不同气候条件下的遥感图像中表现出不同的特征,增加了分类和解译的不确定性。

3. 土地利用的多样性

南方地区地表覆盖类型多样,包括农田、森林、城市等多种用地类型;这些用地类型在遥感图像上具有相似的光谱特征,容易造成混淆。例如,不同种类的农作物在生长周期中可能表现出相似的光谱特征,而城市中的建筑物和道路也可能与某些植被类型在光谱上相似。这种土地利用的多样性要求遥感图像解译必须具备高度的分类精度和判别能力。

4. 植被覆盖的特殊性

南方地区植被覆盖度高,植被类型丰富。不同植被类型在生长周期和光谱特性上存在差异,这要求遥感图像解译时必须考虑季节变化对地物光谱特征的影响。此外,植被的密集程度和生长状态也会影响遥感图像中地物的识别和解译。因此,在针对南方复杂场景的遥感图像解译中，需要充分考虑植被的特殊性，以提高解译的准确性和可靠性。

综上所述，我国南方复杂场景遥感图像解译的复杂性主要体现在地形地貌、气候条件、土地利用和植被覆盖等多个方面。针对这些复杂性，需要采取一系列有效的技术和方法来提高解译的准确性和可靠性。

1.2.2　困难与挑战

南方复杂场景遥感智能解译技术及应用发展，面临着诸多挑战。技术层面上，首先，需要开发适用于复杂地形地貌和气候条件的遥感数据处理算法和模型，以提高图像预处理和特征提取的效果。其次，需要构建高精度、高可靠性的样本库、分类器和解译模型，以应对土地利用多样性和植被覆盖特殊性带来的挑战。最后，还需要加强跨学科合作和技术创新，推动遥感图像处理与解译技术的不断发展和完善。

为了更深入地讨论南方复杂场景遥感智能解译技术及应用发展挑战，下面将从当前国家重大决策落实技术需求出发，重点面向耕地保护、生态文明建设等遥感监测业务，基于以往工作基础及应用现状，从数据、技术、应用三个维度分析阐述面临的困难和挑战。

一是光学遥感影像获取难，数据源众多且质量差异大，制约影像应用服务效率及效果。首先，南方地区云雨天气多致使影像拍摄窗口期短，以广西为例，项目对近30年来的天气情况进行综合分析，全年可有效利用的天气窗口期约64天，每月平均有效天气窗口期约5.3天，数据周期性区域全覆盖保障难，尤其汛期季节光学卫星影像有效数据更为缺乏。自2019年开始，广西逐年加大经费投入，通过国家平台推送、商业采购等渠道全面统筹获取全区卫星影像数据，到2023年基本实现2～3m数据每两月覆盖一次，但亚米级数据季度全覆盖一次依然较为困难，主要在上半年4～6月的作物生长关键期和7～8月汛期，优于1m光学影像有效覆盖偏少，部分县区未达50%，需要探索研究多源数据互补的监测方法来满足土地监测需求。其次，南方地区多云雨天气致使拍摄获取的影像多数存在云覆盖，同期的数据源众多且数据量大，影像处理难度增大，难以适应大范围季度性常态化监测的效率要求。经统计，广西地区2023年10834景高分辨率光学影像中6535景影像的部分区域有云覆盖，占比约为60%，云区识别、去云镶嵌等无云影像生产工作量大；全年优于3m的高分辨率光学影像数据源超过30种，不同批次、不同季节、不同传感器的成像质量参差不齐，光谱差异大，在复杂地形区影像匹配、光谱及纹理信息处理等方面存在不足，不同程度地增大了影像正射纠正、大气校正、去云镶嵌等生产处理工作量，同时影响后续影像解译质量。因此，研究普通光学、雷达、多光谱、高光谱等多源数据融合应用与智能处理技术方法及平台是南方地区遥感应用研究的主要方向之一。

二是南方地区地块破碎，耕地种植多样化，影像光谱与纹理特征复杂，解译难度大。首先，受地形影响，地物交错分布，地表覆盖类型多样，如广西三调数据中每平方公里内地类图斑超过200个的情况普遍存在；地表覆盖变化数量大，如年度土地变更调查图斑接近100万个，每年森林动态监测变化图斑超过20万个；地块破碎，小面积的目标对象多，影像特征捕捉难度大，不利于计算机构建自主学习特征。其次，种植结构及作物物候特征复杂。南方地区地形多样，耕地多分布于丘陵、山间河谷，连片大面积产业种植较少，多以个体户分散种植为主。区域内地物种类繁多，存在轮种、间种、套种等多种种植方式，遥感影像特征复杂。以广西为例，桂东、桂南、桂西、桂北、桂中地区各有特色作物，物候略有不同，有部分作物物候期不显著，如玉米几乎全年可种；加上雨热同期的气候特点，作物生长快，导致土地变化情形多样化，智能解译对象或目标多样化，影像解译难度大。例如耕地"非粮化"监测中，涉及耕地、园地、林地、草地等覆盖地类，很多时候这些地类在影像上光谱相似、纹理特征差异不明显，类间差异小、类内差异大，判断难度高、地域差别大，且对影像时相有一定要求，单一数据源、单一模型的方式难以满足遥感应用需求。

三是在业务生产中，技术环节之间衔接有待加强，需要建立"影像处理-智能解译-分析应用"的全链路遥感监测应用系统和工作机制。首先，现阶段面向耕地保护、生态保护等的遥感监测工作具有高频次、大范围、高效率的特点。受人类活动影响，地表变化速度快、范围广、数量多，传统遥感技术方法存在监测周期长、信息获取效率低、人力物力消耗大等问题，难以及时、全面地掌握地表覆盖变化情况，不能更好地为自然资源、生态保护等诸多监测监管工作提供数据支持。提升遥感图像处理、解译、应用各工作环节的技术服务能力，创新服务模式，是实现高效完成遥感监测效率或质量的重要保障。在实际生产工作中，尤其是省级以上统筹开展土地监测工作时，监测影像底图加工、信息提取、分析应用等工作往往由不同作业组或不同单位负责，工作习惯、信息沟通、技术水平、工作方法等差异的原因，会或多或少地带来一些工作效率和质量方面的问题，比如前端影像处理的效率和质量会对信息提取和解译的精度和效率产生直接影响。其次，未建成面向业务全流程的多环节应用服务平台。目前许多高校与企业纷纷推出遥感智能解译模型与平台，这些平台的功能主要集中于信息自动提取，未建立如前端影像数据处理、后端图斑编辑筛查等环节完整的业务服务链，在实际业务应用中没有形成完整的解决方案。为进一步提升遥感监测工作效率与质量，需要增强影像数据处理、影像智能解译、内业图斑核查、外业验证等各技术环节间的业务衔接，建立全链条、全流程的业务化应用平台，提供完整的业务服务链，降低技术应用门槛，形成多级联动的工作机制，明确各级业务单位职责，定期开展情况汇总分析评价工作，实现对遥感监测技术的充分应用，减少内业监测人工投入，提升遥感监测的效率。

综上所述，南方复杂场景遥感智能处理与解译方面，应充分分析地区特点，从作物知识、分类体系、数据使用、破碎地块解译、模型迭代等方面进一步探索研究南方复杂场景解译样本库建设方法和面向业务的算法模型，形成稳定、高效、准确的影像规模化解译与应用技术能力，对构建科学可行的多源遥感监测技术体系并实现业务化应用至关重要。

2 ≫

深度学习原理 ◄

2.1 深度学习发展历程

深度学习是从人工神经网络逐步发展形成的，其发展历程主要分为启蒙阶段、基础阶段、大数据阶段。启蒙阶段主是人工神经网络从 M-P 模型的提出到受限玻尔兹曼机的发展，经历了从兴起、低谷到为深度学习奠定基础的历程。基础阶段神经网络的关键进展包括多层感知机（MLP）的提出、循环神经网络（RNN）及其变体如长短时记忆网络（LSTM）和双向循环神经网络（Bidirectional RNNs）的发展，以及卷积神经网络（LeNet-5）和连续受限玻尔兹曼机（CRBM）的引入，尽管硬件限制曾导致神经网络研究的暂时冷却。大数据阶段主要是 21 世纪大数据背景下深度学习领域的快速发展，从 Hinton 提出深度学习概念和深度置信网络，到深度玻尔兹曼机、AlexNet、GoogleNet、VGGNet、生成对抗网络、ResNet、PointNet、MobileNet、ViT、Swin Transformer 以及 MobileViT 等关键模型的提出，直至 ChatGPT 和 SAM 等大模型的出现，标志着深度学习在各个领域的广泛应用和持续创新。

启蒙阶段：Minsky 等人在 1943 年研究分析了生物神经元的细胞结构和特征，并提出了 M-P 模型来进行逻辑运算，从此人工神经网络正式被提出。Rosenblatt 等人在 1957 年 M-P 模型的基础上提出了感知机（Perceptron）模型。但是，Minsky 等人在 1969 年研究 Perceptron 时发现单层 Perceptron 模型只能处理线性可分的数据，而不能解决非线性问题，使得人工神经网络的研究进入低谷。后来，Ackley 等人在 1985 年受到统计力学的启发，从而提出了一种无监督特征学习网络玻尔兹曼机（BM）。1986 年，Smoklensky 在 BM 的基础上提出了受限玻尔兹曼机（RBM），该网络限定为可视单元层和隐藏单元层，为后面的深度学习发展奠定基础。

基础阶段：Rumehart 等人在 1987 年提出多层感知机（MLP）模型，以此来解决单层 Perceptron 线性不可分的问题。因此，学者们继续人工神经网络方面的研究，于是，Hihi 等人在 1995 年提出循环神经网络（RNN），该网络具有多个时间维度层，用于处理序列数据，但是 RNN 容易出现梯度爆炸/消失的问题，于是，Hochreiter 等人在 1997 年提出长短时记忆网络（LSTM），该网络通过为每一个神经元引入门（gate）和存储单元，来解决 RNN 的问题。同年，为了利用上下文信息进行更准确的序列建模，研究人员提出了双向循环神经网络（Bidirectional RNNs），该模型由两个 RNN 组成，一个按正常顺序处理序列，另一个按相反顺序处理序列。两个方向的隐藏状态被联合使用，以综合利用过去和未来的信息。1998 年，Lecun 等人结合反向传播（BP）算法，并在传统神经网络的基础上加入卷积池化操作，于是卷积神经网络 LeNet-5 模型被提出。2002 年，Chen 等人在 RBM 的基础上提出连续受限玻尔兹曼机（CRBM）。由于神经网络结构比较复杂，需要大量的训练数据，而当时计算机的硬件设备水平难以对神经网络进行训练，导致神经网络的发展遇冷了很长一段时间。

大数据阶段：在 21 世纪的大数据的环境背景下，计算机设备的性能大幅提升，学者们积极研究深度神经网络。2006 年，机器学习领域泰斗 Hinton 及其团队在《Science》上发表了关于神经网络理念突破性的文章，首次提出了深度学习的概念，并指明可以通过逐层初始化来解决深度神经网络在训练上的难题。该理论的提出再次激起了神经网络领域研究的浪潮。Hinton 教授解决了 BP 神经网络算法梯度消失的问题，深度学习的思想再次回到了大众的视野之中，也正因为如此，2006 年被称为是深度学习发展的元年；同年，Hinton 等人以 RBM 为基础，提出了深度置信网络（DBN），该网络是连续堆叠多个 RBM 层，并将上一层训练完毕的 RBM 进行输出以作为下一层 RBM 的输入，然后再对这一层 RBM 进行训练，以此类推，逐步加深网络并训练。2010 年，Salakhutdinov 等人在 BM 的基础上提出深度玻尔兹曼机（DBM），该网络具有多个网络层，并且相邻网络层之间有连接。此后，进入 2012 年，深度学习进入了快速发展的火热阶段，随着 ImageNet 大赛的举办，深度学习领域迎来了一系列突破性的进展和优秀模型的提出。其中，AlexNet 模型是引领深度学习浪潮的先驱之一。该模型通过深层卷积神经网络在 ImageNet 数据集上取得了令人惊讶的性能，展现了深度学习在图像分类领域的巨大潜力。紧接着在 2014 年，GoogleNet 和 VGGNet 模型相继提出。GoogleNet 采用了 Inception 模块，通过不同尺度的卷积核和池化层，减小了模型的参数量，同时提高了网络的性能。VGGNet 则是通过增加网络的深度和通道数，取得了更好的图像分类结果。同样在 2014 年，生成对抗网络（GAN）的提出也是深度学习的重要里程碑。GAN 通过建立生成器和判别器之间的对抗性训练，实现了生成模型和判别模型的协同学习，可以生成逼真的图像。GAN 的出现在图像生成和增强等任务上具有重要意义。进入 2015 年，ResNet 模型的提出引发了深度残差学习的浪潮。ResNet 通过引入跳跃连接和残差块，解决了深度神经网络训练中的梯度消失和梯度爆炸问题。这一模型的出现不仅大大加深了网络的深度，也极大地提高了图像分类任务的准确度。2016 年，PointNet 模型的提出将深度学习从 2D 图像领域转向了 3D 点云领域。PointNet 可以对点云进行分类、分割和目标检测等任务，为立体图像相关任务的深度学习研究提供了新的思路和方法。接下来，在 2017 年至 2019 年，MobileNet V1 至 V3 的提出解决了传统卷积神经网络训练速度慢和计算资源需求高的问题。这些模型通过深度可分离卷积和轻量级设计，大幅度减少了模型的参数量和计算复杂度，适用于移动设备和资源受限环境下的图像识别任务。而到了 2021 年，ViT（Vision Transformer）模型的提出首次将 Transformer 模型从自然语言处理领域成功应用于图像领域。ViT 通过将图像划分为图像块，并利用多头自注意力机制，在图像分类任务上展示出了与传统 CNN 相媲美的性能。同时，Swin Transformer 模型的提出进一步推进了这一方向，并被认为是计算机视觉领域的新方向和新时代。在 ViT 和 Swin Transformer 模型中，由于参数量的显著增加，MobileViT 模型的提出进一步减少了参数量，提高了模型的效率，并且在保持相当精度的同时，满足了一些资源受限的场景中的需求。直到 2023 年，ChatGPT（ChatGPT 是 OpenAI 开发的一种通用语言大模型）的问世使智能化更上一个层次，它包含各个领域的知识，更自然的对话语境，高效智能地帮助人们获得信息和解决问题。在语言非常火热的大模型之后不久，计算机视觉方面的大模型 SAM 问世，SAM 训练了至今为止最大的分割数据集，SAM 的出现统一了语义分割的任务，可以分割各种不同的任务目标。

由于深度学习模型端到端的自动提取图像中的特征信息，具有高效率、高精度的优势，越来越多的学者将深度学习与遥感进行结合。早期由 Chen 等人在 2014 年利用深度学习方法进行高光谱数据分类，介绍了深度学习在遥感数据处理中的应用，在遥感图像分类任务中取得显著效果。同年，Chen 等人利用深度学习方法进行 SAR 数据的目标检测，在遥感图像目标检测任务中取得显著效果。此外，随着时间的推移，深度学习在遥感领域的应用得到了广泛探索和发展，促进了遥感数据处理和分析在许多不同应用领域的进步。

2.2 基本单元

深度学习图像分类是由卷积神经网络（CNN）为基础发展的，CNN 基本单元包括卷积层、激活函数、池化层、全连接层、损失函数和优化器。

2.2.1 卷积层

卷积层（Convolutional Layer，Conv）是网络中重要的组成部分，卷积层的目的是提取输入数据中的局部特征，并将这些特征转换为更高级别的特征表示，卷积层的主要功能在于针对特征图进行卷积运算以提取更为抽象的特征。其运算过程如图 2-1 所示。

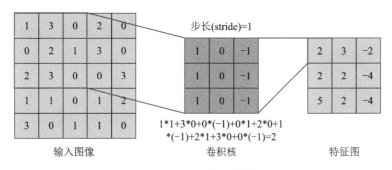

图 2-1 卷积运算过程

图 2-1 中示例的卷积运算的过程是输入一个大小为 5×5 的图像，用一个步长为 1，大小为 3×3 的卷积核，从图像的左上角开始逐步进行滑动，然后将图像的值与卷积核的值逐一相乘再相加得到最终的特征图。

假设有 i 维卷积核，第 l 卷积层的输入是 l 层输出的特征图 n^l，则第 $l+1$ 卷积层第 j 维输出特征图可以表示为式（2-1）：

$$n_j^{l+1} = g(m_j^{l+1} \otimes n^l + b_j^{l+1}) \tag{2-1}$$

式中，m_j^{l+1} 为第 $l+1$ 卷积层第 j 个卷积核的权重向量，b_j^{l+1} 为第 $l+1$ 卷积层第 j 个卷积核的标量偏置。

求解卷积运算后的特征图输出的大小见公式（2-2）：

$$\left[m = \frac{n+2p-k}{s} + 1, m = \frac{n+2p-k}{s} + 1 \right] \tag{2-2}$$

式中，m 为输出特征图的大小，n 表示图像大小，p 为边界补 0（zero padding），k 为卷积核大小，s 为步长。

对于卷积计算后输出特征图和输入特征图大小不一样时，zero padding 的作用是在输入特征图的周围进行边界补 0 操作，从而使得输出特征图和输入特征图大小一致，具体过程如图 2-2 所示。

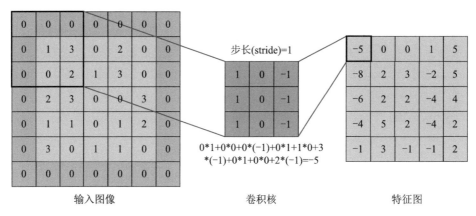

$$0*1+0*0+0*(-1)+0*1+1*0+3$$
$$*(-1)+0*1+0*0+2*(-1)=-5$$

输入图像　　　　　　卷积核　　　　　　特征图

图 2-2　zero padding 为 1 的卷积运算过程

若需要满足输出特征图和输入特征图的尺寸相同，则 zero padding 需满足公式（2-3）。

$$p = \frac{k-1}{2} \qquad (2-3)$$

式中，p 为边界补 0，k 为卷积核大小。p 的值不固定，式中是满足输出和输入尺寸相同情况下的 zero padding 值。

2.2.2　激活函数

激活函数是神经网络中的一种关键组件，用于在网络的每个神经元中引入非线性特性。激活函数的作用在于它会将原始特征图的值映射在一个区间内。网络中常见的激活函数有以下几种。

1. Sigmoid 函数

$$f(x) = \frac{1}{1+e^{-x}} \qquad (2-4)$$

如图 2-3 所示，Sigmoid 函数能够将任意范围的值均映射到 0 到 1 的范围内，在任何地方均可导，Sigmoid 函数两端无限接近 0 或 1，在接近最大值或最小值的过程中，很容易产生梯度消失的问题。

2. Tanh 函数

$$f(x) = \frac{1-e^{-2x}}{1+e^{-2x}} \qquad (2-5)$$

如图 2-3 所示，可以发现 Tanh 函数与 Sigmoid 函数很类似，函数的两端也均具有饱和区域，很容易产生梯度消失的问题，而不同之处就在于 Tanh 函数可以将输出值的范围

从 [0, 1] 变为 [-1, 1]，克服了 Sigmoid 函数并不是原点对称的问题，也使得收敛速率较 Sigmoid 函数快。

3. ReLU 函数

$$f(x)=\begin{cases}0, & x\leqslant0\\x, & x>0\end{cases} \qquad (2-6)$$

式中，当输入到函数中的特征值小于等于 0 时，经过 ReLU 函数均得到 0，说明此函数在这个区间内也会发生饱和情况。当输入到函数中的特征值大于 0 时，则 ReLU 函数不会改变输入值，ReLU 函数缓解了梯度消失的问题，同时由于函数较为简单且计算速度较快，复杂度低，具体见图 2-3。

4. Swish 函数

$$f(x)=x\times Sigmoid(\beta x) \qquad (2-7)$$

式中，β 是一个可调的参数，一般为 1。如图 2-3 所示，Swish 函数在大多数情况下被证明比 ReLU 函数更有效，并且该函数的主要优势在于其平滑性。

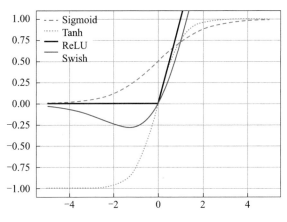

图 2-3 激活函数

2.2.3 池化层

池化层（Pooling Layer）是卷积神经网络（CNN）中的一种特殊层，它主要用于降低特征图（Feature Map）的空间维度，从而减少参数数量和计算量，同时使特征检测更加鲁棒。池化层通常在卷积层和激活函数之后使用，以逐步减少特征图的空间尺寸，同时保留最重要的特征信息。这种逐步降维的过程有助于构建深层网络，同时控制计算复杂度。常用的池化操作有最大池化（Max Pooling）和平均池化（Average Pooling）两种，如图 2-4 所示。

$$Max\ Pooling=Max(m_1,m_2,\cdots,m_i) \qquad (2-8)$$

式中，Max 代表最大值，m_i 代表图像中第 i 个像素值。

$$Average\ Pooling=\frac{1}{n}\sum_{i=1}^{n}m_i \qquad (2-9)$$

式中，n 代表池化窗口像素点的数量。

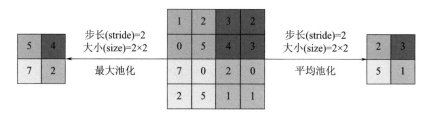

图 2-4 最大池化和平均池化的操作

2.2.4 全连接层

全连接层（Fully Connected Layer，也称为 Dense Layer）是神经网络中的一种常见层类型，主要用于处理一维数据。在 CNN 中，全连接层通常位于网络的末端，用于整合特征并进行最终的分类或回归任务。

全连接层的原理如下：

（1）输入与权重连接：全连接层的输入通常为先前层的输出或者模型的输入数据。每个输入节点与每个输出节点之间都存在权重连接。假设输入节点的数量是 N，输出节点的数量是 M，那么全连接层的权重矩阵的大小为 $[M, N]$。

（2）线性变换：全连接层将输入数据与权重矩阵相乘，得到一个中间结果。这个过程可以表示为式（2-10）。

$$Z = XW^*T \qquad\qquad (2-10)$$

式中，X 是输入数据矩阵，W^*T 是权重矩阵的转置，Z 是中间结果向量。

（3）非线性变换：为了引入非线性性质，全连接层通常会在线性变换的结果上应用一个激活函数。激活函数的作用是对线性变换的结果进行非线性映射，从而增加模型的表达能力。

（4）输出结果：通过激活函数后，得到的结果就是全连接层的输出结果。该输出可以作为下一层的输入，也可以作为模型的最终输出。全连接层的优势在于能够对输入数据进行全局的、结构化的建模和特征提取。但是全连接层的参数量在全网络中的占比最高，原因在于此层中每个神经元均与其他神经元有连接，容易导致过拟合，因此在实际应用中，人们往往会采用一些正则化方法（如 dropout）来降低模型的复杂度，并提高模型的泛化能力。从全局来看，全连接层将经过卷积池化操作后的特征图压缩成一个一维的特征向量。

2.2.5 损失函数

在深度学习中，损失函数（Loss Function）是衡量模型预测输出与真实标签之间差异程度的函数。损失函数的目的是量化模型的预测性能，并通过优化算法（如梯度下降）来调整模型的参数，使损失函数的值最小化，从而提高模型的预测准确性。以下是一些常见的损失函数及其原理和公式：

（1）均方误差损失（Mean Squared Error，MSE）：这是回归问题中最常用的损失函数之一。它计算预测值与实际值之间差的平方的平均值。

$$MSE = \frac{1}{N} \sum_{i=1}^{N} (y_i - \hat{y}_i)^2 \tag{2-11}$$

式中，N 是样本数量，y_i 是第 i 个样本的实际值，$\hat{y}_i$ 是预测值。

（2）交叉熵损失（Cross-Entropy Loss）：这是分类问题中最常用的损失函数之一，特别是在二分类和多分类问题中。它衡量的是模型输出的概率分布与真实分布之间的差异。

对于二分类问题：

$$CE = -[y \cdot \log(\hat{y}) + (1-y) \cdot \log(1-\hat{y})] \tag{2-12}$$

式中，y 是实际标签（0 或 1），$\hat{y}$ 是模型预测为类别 1 的概率。

$$CE = -\sum_{c=1}^{M} y_{o,c} \cdot \log(\hat{y}_o)_c \tag{2-13}$$

对于多分类问题，交叉熵损失的形式稍有不同：

式中，M 是类别数量，$y_{o,c}$ 是一个二进制指示器（如果类别 c 是样本 o 的正确分类，则为 1，否则为 0），$\hat{y}_o$ 是模型对样本 o 的概率分布。

（3）Hinge 损失（Hinge Loss）：主要用于支持向量机（SVM）模型，用于分类问题。

$$Hinge = -\sum_{i=1}^{N} \max(0, 1 - y_i \cdot \hat{y}_i) \tag{2-14}$$

式中，y_i 是样本 i 的实际标签（-1 或 1），$\hat{y}_i$ 是模型预测的决策函数的输出值。

（4）Dice 损失（Dice Loss）：常用在不均衡数据集上。

$$Dice = 1 - \frac{2 \times \sum \hat{y} \cdot y}{\sum \hat{y}^2 + \sum y^2 + \epsilon} \tag{2-15}$$

式中，$\hat{y}$ 是模型预测的分割图，y 是实际的分割图，ϵ 是一个很小的常数，用来保证数值稳定性。

损失函数在深度学习中起到了衡量模型预测结果与真实标签之间误差的作用，并通过优化过程中的梯度信息指导模型参数的更新，通过选择合适的损失函数，可以让模型在训练过程中更好地对问题的重要方面进行优化。同时，选择合适的损失函数也可以有效地应对不同的问题类型和模型的预测目标。

2.2.6 优化器

优化器（Optimizer）是深度学习中用于调整模型参数以最小化损失函数的算法。在训练神经网络时，优化器通过迭代更新模型的权重和偏置，以改善模型的预测性能。学习率参数决定了每一步更新的大小，较大的学习率可以加快收敛速度，但也可能导致震荡或无法收敛；较小的学习率可以提高稳定性，但收敛速度可能较慢。下面介绍几种常见的优化器。

1. SGD

随机梯度下降（SGD）将每个数据样本输入网络计算梯度后就进行一次更新：

$$W_{t+1} = W_t - \alpha \nabla J(W_t; x_i; y_i) \tag{2-16}$$

式中，W_t 为第 t 步的模型权重；$\nabla J(W_t; x_i; y_i)$ 是损失函数 J 对于权重 W_t 在一个小批次 x_i 和对应标签 y_i 上的梯度；α 为学习率。

该算法的目标是找到使模型在训练数据集上的误差最小化的模型参数，由于不是在全部训练数据上的损失函数，而是在每轮迭代中，随机优化某一条训练数据上的损失函数，这样每一轮参数的更新速度大大加快。

SGD 方法的一个缺点是其更新方向完全依赖于当前 batch 计算出的梯度，导致十分不稳定，因此，Momentum 算法借用了物理中的动量概念，它模拟的是物体运动时的惯性，即更新的时候在一定程度上保留之前更新的方向，同时利用当前 batch 的梯度微调最终的更新方向。这样一来，可以在一定程度上增加稳定性，从而学习得更快，并且还有一定摆脱局部最优的能力，具体见式（2-17）。

$$m_{t+1} = \beta m_t + (1-\beta)\nabla J(W_t; x_i; y_i)$$
$$W_{t+1} = W_t - \alpha m_{t+1} \tag{2-17}$$

式中，m_t 是 t 时刻对梯度的一阶矩估计；β 是超动量参数；W_t 为第 t 步的模型权重；$\nabla J(W_t; x_i; y_i)$ 是损失函数 J 对于权重 W_t 在一个小批次 x_i 和对应标签 y_i 上的梯度；α 为学习率。

Momentum 算法会观察历史梯度 v_{t-1}，若当前梯度的方向与历史梯度一致（表明当前样本不太可能为异常点），则会增强这个方向的梯度，若当前梯度与历史梯度方向不一致，则梯度会衰减，大大改善 SGD 算法的缺点。

2. RMSprop

RMSprop 一种自适应学习率方法，计算梯度对应的平均值，可以缓解学习率下降较快的问题，具体见式（2-18）。

$$E|g^2|_t = 0.9E|g^2|_{t-1} + 0.1[\nabla J(W_t; x_i; y_i)]^2$$
$$W_{t+1} = W_t - \frac{\alpha}{\sqrt{E|g^2|_t + \epsilon}}\nabla J(W_t; x_i; y_i) \tag{2-18}$$

式中，$E|g^2|_t$ 是过去梯度平方的指数移动平均值；W_t 为第 t 步的模型权重；ϵ 为常数；$\nabla J(W_t; x_i; y_i)$ 是损失函数 J 对于权重 W_t 在一个小批次 x_i 和对应标签 y_i 上的梯度；α 为学习率。

3. Adam 和 AdamW

Adam（Adaptive Moment Estimation）是另一种自适应学习率的方法。它利用梯度的一阶矩估计和二阶矩估计动态调整每个参数的学习率。Adam 的优点主要在于经过偏置校正后，每一次迭代学习率都有个确定范围，使得参数比较平稳，具体见式（2-19）。

$$m_{t+1} = \beta_1 m_t + (1-\beta_1)\nabla J(W_t; x_i; y_i)$$
$$v_{t+1} = \beta_2 v_t + (1-\beta_2)[\nabla J(W_t; x_i; y_i)]^2$$
$$\hat{m}_{t+1} = \frac{m_{t+1}}{1-\beta_1^{t+1}}$$
$$\hat{v}_t = \frac{v_{t+1}}{1-\beta_2^{t+1}} \tag{2-19}$$
$$W_{t+1} = W_t - \frac{\alpha}{\sqrt{\hat{v}_{t+1}} + \epsilon}\hat{m}_{t+1}$$

式中，m_t、v_t 分别是 t 时刻对梯度的一阶矩估计和二阶矩估计；$\hat{m}_t$、$\hat{v}_t$ 是对 m_t、v_t 的校

正，是对过去梯度和梯度平方的移动平均值；β_1 和 β_2 为**动量和梯度平方的超参数**；W_t 为第 t 步的模型权重；$\nabla J(W_t;x_i;y_i)$ 是损失函数 J 对于权重 W_t 在一个小批次 x_i 和对应标签 y_i 上的梯度；α 为学习率。

在数据比较稀疏的时候，adaptive 的方法能得到更好的效果，如 RMSprop、Adam 等。Adam 方法也会比 RMSprop 方法收敛的结果要好一些，所以在实际应用中，Adam 为最常用的方法，可以比较快地得到一个预估结果。

在传统的 Adam 算法中，权重衰减通过在梯度更新中添加一个额外的权重衰减项来实现。然而，这种方式会对 Adam 算法中计算的梯度的一阶和二阶矩估计（即梯度平方和）引入偏差，从而降低了优化的性能。AdamW 算法通过修改权重衰减的计算方式，解决了这个问题，具体见式（2-20）。

$$W_{t+1} = W_t - \delta_{t+1} \frac{\alpha}{\sqrt{\hat{v}_{t+1}} + \epsilon} \hat{m}_{t+1} \qquad (2-20)$$

式中，δ_{t+1} 是 $t+1$ 时刻的正则化系数。

AdamW 算法将权重衰减项添加到损失函数中而不是梯度更新中，在计算梯度的一阶和二阶矩估计时不包含权重衰减项。这样可以避免偏差的引入，同时提高了优化的准确性、稳定性和泛化性能。这使得 AdamW 算法在深度学习模型训练中得到广泛应用。

2.3　业务场景

深度学习在遥感方面可以应用于多种业务场景，大体可以分为图像分类、语义分割、目标检测和变化检测，这些任务都可以借助深度学习模型的高表达能力和自动学习能力，从遥感图像中提取并分析出更多有用的信息，对于地理信息系统、环境监测、城市规划等应用领域具有重要的意义。

2.3.1　图像分类

遥感图像分类是指利用遥感数据和相关技术，将遥感图像中的不同地物或地物类别进行划分和分类的过程。遥感图像分类是遥感数据处理和应用的重要环节，旨在将不同遥感图像中所包含对象归类为不同的地物类别。采用深度学习分类方法通常先对遥感数据进行去噪、几何校正、辐射校正等预处理操作，以提高图像质量和准确性；然后，选择深度学习分类模型进行训练和分类；最后，对分类结果进行评价和验证，统计分类的准确性和精度。常用的评价指标包括混淆矩阵、Kappa 系数等。

在图像分类方面，2012 年，Hinton 教授带领团队参加 ImageNet 图像识别比赛。在比赛中，Krizhevsky 等人针对 LeNet-5 模型结构简单、网络深度较浅、可能无法提取图像的深层特征，导致在处理复杂图像时分类精度不高，而提出了 AlexNet 模型。该模型与 LeNet-5 模型相似，但在层次上略深，并且使用非线性激活函数 ReLU 和 Dropout 方法，这使得图像分类有了突破，自此深度学习的算法思想受到了业界研究者的广泛关注。深度学习的算法也渐渐在许多领域代替了传统的统计学机器学习方法，成为人工智能中最热门的研究领域。2014 年出现了两个很有影响力的卷积神经网络模型——依旧致力于加深模型层数的 VGGNet 和在模型结构上进行优化的 InceptionNet 深度学习模型 Top－5 在 ImageNet2014 计算机识别竞赛上拔得头筹。He 等人在 2016 年提出了 ResNet 模型，该模型网络深度可以超过 100 层，主要是该网络的残差结构可以解决网络训练过程中出现退化或精度饱和情况，使得深度神经网络训练成为可能。随后 Huang 等人在 2017 年提出了 DenseNet 模型，该模型中的 dense block 采用的卷积核数量非常小，因此参数量比 ResNet 模型小，并通过将前面每一层的特征图输入到下一层，充分利用了特征。虽然卷积神经网络模型取得了非常好的分类效果，但是具有参数多、计算量大、硬件设备高等不足。于是，Howard 等人在 2017—2019 年相继提出了轻量级模型 MobileNetV1、V2 和 V3。MobileNetV1 使用了深度可分离卷积，这大大提高了分类效率。MobileNetV2 在此基础上引入了倒残差结构。MobileNetV3 在倒残差结构的基础上引入了 SE 模块，并设计了 MobileNetV3 （large） 和 MobileNetV3 （small） 两个模型。2019 年，swin-transformer 模型的提出完全可以在各个领域取代 CNN，被人称为计算机视觉领域的新方向、新时代。

遥感领域将这些模型应用于遥感图像分类方面，遥感图像分类是使用深度学习模型对遥感图像进行分类，可以识别图像中的不同地物类型，如将农作物、建筑物、道路、植被、水域等进行分类，如 Kussul 等人采用卷积神经网络 （CNN） 进行比较。利用 Landsat－8 和 Sentinel－1A 遥感卫星获取的 85 个多时相场景，对玉米、大豆等农作物进行分类。Liu 等人使用改进的 InceptionV3 网络来提取被遮挡的船只。首先，在 InceptionV3 网络中加入全连接层，以合并从明确目标和被遮挡目标中学习到的特征。然后在损失函数中加入一个中心损失函数，以缩短类之间的距离。与原来的 InceptionV3 网络相比，改进后的 InceptionV3 网络可以有效地提取被遮挡的船舶目标。Bera 等人设计了一个含有 3 个卷积层的 CNN 模型用于高光谱图像分类，首先对高光谱数据进行 PCA 以选择具有最大方差的第一主成分，然后添加 Dropout 并在最后一层和 L2 正则化，该模型能够以较小的数据集实现高精度分类。Ji 等人结合时间特征开发了一个 3D 卷积神经网络用于多时相作物分类，该模型引入了一种主动学习策略，可以自动标记样本并提高标注准确度。通过利用遥感图像分类技术，可以获取大范围、长时序、高精度的地物信息，为地表变化研究、资源管理和环境保护提供决策支持。

2.3.2　语义分割

遥感影像语义分割是指利用遥感影像数据和相关技术，将遥感影像中的每个像素点根据其语义信息分割为不同的类别或物体的过程。与遥感图像分类不同，遥感影像语义分割不仅对整个遥感影像进行分类，还对每个像素点进行分类，以实现更细粒度的地物信息提取和分析。采用深度学习语义分割方法通常先对遥感数据进行去噪、几何校正、辐射校正等预处理操作；然后，采用选择深度学习语义分割模型进行训练，语义分割模型能够学习到不同地物类别或物体的特征，实现对遥感影像的准确分割；最后，将训练好的分割模型应用到整个遥感影像上，对每个像素点进行语义分割，并生成分割结果。对分割结果进行评估，通常使用指标如准确率、召回率、F_1 值等。

在语义分割方面，2015 年，FCN 模型由 Shelhamer 等人提出，该模型是深度学习在图像分割方面的开创性工作。FCN 最重要的特点是用卷积层代替了传统 CNN 中的全连接层，随后通过卷积和池化操作进行特征提取，最后通过转置卷积和反池化操作将特征图恢复到原始大小，以实现逐像素分类。由于 FCN 没有引入图像的上下文信息，对图像进行多尺度处理会导致上下文信息不匹配，无法识别小物体，导致分类错误。因此，同年，Ronneberger 等人提出了 UNet 模型，该模型的编码器共有五个尺度的特征图，解码器中的各部分直接与编码器中相同通道数的特征图进行融合，总共进行四次融合，而 FCN 网络只结合最终层和 pool4 层的预测结果，UNet 模型适用于任意大小的图像分割。随后，Yu 等人针对传统卷积核的局部感受野小，在传统卷积核中引入空洞卷积来增加局部感受野，以获得多尺度信息，从而提出了一种空洞卷积网络以获得相邻像素之间更多的信息，有效地实现了图像分割。SegNet 模型是 Badrinarayanan 等人在 2017 年提出的，SegNet 取消了 VGGNet－16 的全连接层，该模型继承了 FCN 的基本方法，恢复图像的位置特征，实现逐像素标注，与 FCN 相比，SegNet 的上采样过程不需要训练学习。Zhao 等人在 2017 年提出了具有全局上下文信息一致性的 PSPNet 模型，该模型的特点是金字塔池化模块并为 ResNet 模型引入一种具有深度监督的辅助损失函数的优化策略。Chen 等人从 2015 年开始研究空洞卷积，并相继提出了 DeepLab 系列（V1，V2，V3，V3+）。随后，Xie 等人将 ViT 进行改进，在 2021 年提出了 Segformer 模型应用于语义分割任务。

为了更好地使语义分割模型分配权重在重要信息上，学者们提出注意力机制模块，使其更多地关注目标区域信息，通常将卷积神经网络与注意力机制结合起来，用于在图像中定位和关注重要的区域，对该区域投入更大的权重，突出显著有用的特征，抑制或忽略无关特征，使其能区分重点地去学习特征信息，如 Woo 等人在 2018 年提出一种基于通道和空间双重注意力机制的 CBAM 模块。Li 等人在 2019 年提出一种基于空间注意力机制的 SGE。Hu 等人在 2020 年提出一种基于通道域注意力机制的 SENet。随后 Saini 等人在 2020 年提出一种轻量级通道和空间注意力机制的 ULSAM 模块。后来由于上述的注意力机制模块，其权重是通过学习得到的，但可能对不同样本会有不同的表现，为了解决这个问题，研究人员提出了自适应注意力机制，即通过学习生成与输入信息相关的权重。这种机制可以根据不同的输入动态调整权重，如注意力机制网络 ECANet。后来应用于 Transformer 的自注意力机制模块，即将同一序列中的不同位置进行自我关注，随后为了进一步提高注意力机制的性能，Transformer 模型引入了多头注意力机制。通过将注意力机制应用于多个平行子空间，模型能够同时关注不同粒度和不同角度的信息。多头注意力使得模型可以更有效地捕捉序列中的关键信息，并提升了性能。总的来说，注意力机制模块在深度学习中的发展为模型的推理过程提供了更强大的能力，更关注目标的重要部分。

遥感领域将这些模型应用于遥感语义分割方面，遥感语义分割是将遥感图像中的每个像素进行分类，即将图像中的每个区域标记为不同的地物类别，例如将建筑物、道路、植被、农田、森林、湿地、城市、水体、地质灾害等进行分割。如 Zhao 等人采用 SSAtNet 模型应用于 ISPRS Vaihingen 数据集进行城市区域分割，该模型采用 ResNet－101 作为主干网络，并将注意力机制引入多尺度模块中，从而增强模型的特征提取能力。Yi 等人提出 DeepResUnet 模型用于超高分辨率（VHR）遥感影像的城市建筑分割，该网络包含两个子网络：一个是级联下采样网络，用于从 VHR 图像中提取建筑物的特征图，另一个是上采样网络，用于将提取的特征图重建回与输入 VHR 图像相同大小的子网络。Zhang 等人以高分 1 号、高分 2 号和资源 3 号数据形成多源多时相数据为数据源，采用 MPSPNet 模型识别甘蔗，以实现有效且准确的甘蔗提取。通过实现对遥感影像中细粒度地物或物体的准确提取和分析,遥感影像语义分割为地理信息提供了重要的数据支持,有助于推动智慧城市建设、环境保护和资源管理等工作的发展。

2.3.3 目标检测

遥感影像目标检测是指利用遥感影像数据和相关技术,自动地在遥感影像中检测和识别出感兴趣的目标或物体的过程。与遥感图像语义分割不同,遥感影像目标检测注重于发现和标定遥感影像中的特定目标,而不仅仅是像素级别的分类或分割。采用深度学习目标检测方法通常先对遥感数据进行去噪、几何校正、辐射校正等预处理操作。然后,采用选择深度学习目标检测模型进行训练,通过大量样本的训练,目标检测模型能够学习到目标的特征,并用于检测遥感影像中的目标。语义分割模型能够学习到不同地物类别或物体的特征,实现对遥感影像的准确分割。最后,将训练好的目标检测模型应用到整个遥感影像上,自动地检测和识别出目标。对检测结果进行评估,通常使用指标如交并比(IOU)、准确率等。

在目标检测方面,目标检测模型可以分为两个阶段,即目标定位和目标分类。目标定位是指在图像中准确地确定物体的边界框,目标分类是指识别该边界框内的物体属于哪个类别。这两个任务在目标检测中是相互依赖的。目标检测模型可以按照不同的方式进行分类,下面是几种常见的目标检测模型。

1. R - CNN 系列模型

R - CNN (Region-based Convolutional Neural Network) 是目标检测领域的一个里程碑,该模型首次将深度卷积神经网络与目标检测结合起来。R - CNN 采用两个阶段的方法,在第一阶段使用选择性搜索(Selective Search)算法生成多个候选区域,然后将这些候选区域输入卷积神经网络进行特征提取和分类。该方法取得了很好的效果,但速度较慢。Fast R - CNN 是对 R - CNN 的改进,它通过共享卷积特征图来提高计算效率。通过在整个图像上只进行一次卷积特征提取,然后将每个候选区域映射到卷积特征图上进行池化操作,从而得到固定大小的特征向量用于分类和边界框回归。Fast R - CNN 相对于 R - CNN 的速度大幅提升,但还是不够快。Faster R - CNN 则是在 Fast R - CNN 的基础上进一步提速,它引入了区域生成网络(Region Proposal Network)用于自动生成候选区域。通过共享卷积特征图,区域生成网络可以快速生成准确的候选区域,然后将这些候选区域输入 Fast R - CNN 进行分类和回归。

2. YOLO 系列模型

YOLO (You Only Look Once) 是一种非常快速和准确的目标检测模型。YOLO 将目标检测任务转化为一个回归问题,通过在输入图像上直接预测边界框的位置和类别,从而实现了实时目标检测。YOLO 的主要思想是将整个图像划分为多个网格,每个网格预测一组边界框和类别概率。通过在多个尺度上进行预测,YOLO 可以检测不同大小的物体。YOLOv2 是对 YOLO 的改进,它在网络结构上进行了优化,引入了 Darknet - 19 作为基础网络,并采用了 anchor boxes 来预测不同形状的边界框,提高了检测的精度和召回率。此外,YOLOv2 还引入了多尺度预测机制和特征融合,进一步提升了检测性能。YOLOv3 是在 YOLOv2 的基础上进行了进一步改进,YOLOv3 采用了更深的 Darknet - 53 网络,使用了 FPN (Feature Pyramid Network) 和 PAN (Path Aggregation Network) 进行多尺度特征融合，减少了小物体检测的误判。此外，YOLOv3 还引入了三个不同尺度的输出层，并采用了不同大小的 anchor boxes 来提高检测精度。

3. SSD 系列模型

SSD（Single Shot MultiBox Detector）是一种快速而精确的目标检测模型。SSD 采用了多层特征图来进行目标检测，通过在每个特征层上预测不同尺度和长宽比的边界框，可以有效地检测不同大小和形状的物体。SSD 还采用了卷积层来直接预测边界框的位置和类别概率，简化了模型的结构。SSD 的网络结构主要由基础网络和多个预测层组成。基础网络通常采用 VGGNet 或 ResNet 等深度卷积神经网络，用于提取图像特征。预测层通过在特征图上进行卷积操作来预测边界框的位置和类别概率。为了提高小物体的检测精度，SSD 引入了多尺度预测机制，通过在不同层次的特征图上进行预测，可以检测到不同大小的物体。

4. RetinaNet

RetinaNet 是一种用于目标检测的单阶段模型，提出了一种新颖的特征金字塔网络（Feature Pyramid Network，简称 FPN）和一个有效的损失函数（Focal Loss）。FPN 的主要目标是在不同尺度上检测不同大小的物体，通过将下采样和上采样结合起来，构建了一个多分辨率特征金字塔来进行目标检测。与传统的多尺度预测相比，FPN 解决了类别不平衡问题，提高了小物体的检测效果。Focal Loss 则增强了目标检测模型对于困难样本（即具有高负样本和低正样本的样本）的关注度，从而进一步提高了模型的性能。

5. EfficientDet

EfficientDet 是一种高效的目标检测模型，其主要思想是通过改进网络结构和训练策略来提高检测性能。EfficientDet 采用了 EfficientNet 作为基础网络，该网络在提高模型效果的同时大大减少了模型的参数量和计算复杂度。EfficientDet 还引入了 BiFPN（Bi-directional Feature Pyramid Network）和类似于 RetinaNet 的损失函数，来进一步提升目标检测的性能和准确度。EfficientDet 以其高效和准确的特性成为目标检测领域的研究热点。

除了以上几种常见的目标检测模型，还有一些其他的模型和技术在不断地发展和改进。例如，CornerNet 利用 top-down 和 bottom-up 的方法来预测物体的角点，提供了一种更准确的目标检测方式。YOLCAT 模型可以实时实例分割目标，并且预测速度快，将目标快速检测和分割。这些新兴的模型和技术都在不断地推动着目标检测的发展。

遥感领域将这些模型应用于遥感目标检测方面，遥感目标检测是通过深度学习算法，实现在遥感图像中检测特定目标物体，如车辆、建筑物、人员、地下目标、船只等目标，从而辅助于资源管理、安全监控等应用。如 Rabbi 等人提出了边缘增强超分辨率 GAN（EESRGAN）模型来提高遥感图像的质量，该模型包含 ESRGAN、EEN 和检测网络，其中 EESRGAN 和 EEN 采用了残差中的残差密集块（RRDB），对于检测网络，使用了更快的基于区域的卷积网络（FRCNN）和检测器（SSD），并将该方法应用于低分辨率的汽车和油罐的卫星影像数据集进行目标检测。Sun 等人提出 PBNet，用于遥感影像中的复合目标检测，如污水处理厂、高尔夫球场、机场等。该模型包含部分定位和上下文细化模块，部分定位模块仅使用边界框注释来学习部分点的分类和定位；上下文细化模块，通过聚集局部上下文信息和全局上下文信息来生成更具判别性的特征，提高了特征表达的能力。Shivappriya 等人提出以 AAF-Faster RCNN 模型结合基于更快区域的 CNN（RCNN）进行目标检测，应用于 NWPU VHR - 10 遥感数据集，检测飞机、船只、街道等目标。通过实现对遥感影像中目标的自动检测，遥感影像目标检测为遥感数据的信息提取和分析提供了重要的工具和方法，有助于人们更好地了解和利用遥感影像中的目标信息。

2. 3. 4　变化检测

遥感影像变化检测是指利用遥感影像数据，通过比较多期遥感影像之间的差异，检测和分析地表或地物在不同时期之间的变化情况的过程。遥感影像变化检测可用于监测和分析不同时间段内的陆地利用/覆盖变化。采用深度学习变化检测方法通常先获取多期的遥感影像数据，并对其进行预处理，包括几何校正、辐射校正、影像配准等，以确保不同时间段的影像具有相同的空间参考，随后将多期遥感影像进行配准，使得它们具有相同的投影坐标系和空间分辨率，以便进行像元级别的比较；然后，选择深度学习变化检测模型进行训练，变化检测模型能够学习到不同地物类别或物体的特征；最后，将训练好的分割模型应用到整个遥感影像上，提取影像的变化区域，并生成变化图斑。下面介绍几种常见的深度学习变化检测模型。

2018 年，Varghese 等人提出了一种用于场景变化检测的深度学习网络（ChangeNet），该网络采用孪生（Siamese）网络和 FCN 网络的思想，并使用迁移学习方法进行特征提取，用于检测前后时相影像之间的变化。2019 年，Mou 等人提出递归卷积神经网络（ReCNN）架构，该架构将卷积神经网络（CNN）和循环神经网络（RNN）整合到一个端到端网络中，前者能够生成丰富的光谱空间特征表示，而后者有效地分析了双时相图像中的时间依赖性，实现多光谱图像的变化检测。2020 年，Sakurada 等人提出了一种弱监督的语义场景变化检测模型，该模型包含两个 CNN，一个是相关孪生变化检测网络（CSCD-Net），另一个是基于轮廓的语义变化检测网络（SSCDNet），以适应不同的任务。2021 年，Chen 等人提出了双注意全卷积孪生网络（DASNet），用于解决高分辨率图像变化检测伪变化缺乏抵抗力的问题，该网络通过双注意机制捕获远程依赖关系，获得更具判别性的特征表示，提高模型的识别性能，同时提出加权双边缘对比损失，通过惩罚对不变特征对的关注，增加对变化特征对的关注，从而解决样本不平衡的问题。2022 年，Zhang 等人提出了一个具有 Siamese U 形结构的 transformer 网络 SwinSUNet，该网络包含编码器、融合器、解码器，它们都使用 Swin transformer 块作为基本单元，编码器并行处理双时相的图像并提取多尺度特征，融合器将编码器生成的双时相特征进行合并，解码器使用上采样和合并模块及 Swin 转换器模块来恢复更改信息的详细信息。

近年来，基于遥感数据的变化检测是探测地球表面变化的重要方法，集成深度学习技术已成为遥感影像变化检测方法的研究重点。传统的遥感变化检测方法通常基于像素级别的阈值或手工定义的规则进行变化检测，但这些方法往往受限于特征提取和分类算法的效果。因此，引入深度学习技术，通过深度学习模型学习数据的高层抽象特征，可以提高变化检测地准确性和鲁棒性，从而精确地对不同时间点的遥感图像进行比较，可以检测和监测地球表面的地物变化，如城市规划、森林覆盖度变化、自然保护区变化、灾害评估、农业监测等方面具有广泛的应用，同时深度学习变化检测模型应用于遥感影像的多种类型，如多光谱影像、高光谱影像、无人机影像、合成孔径雷达（SAR）影像、超高分辨率影像。

很多学者设计了模型来应用于遥感影像变化检测，如 Wang 等人创建了一种多尺度阈值（MST）方法，利用 MST 选择的高质量样本对深度置信网络进行训练，得到像素级范围变化检测结果，并将其应用于 NS－55 数据集，实现裸地、公园、池塘、广场、农田等 55 种遥感场景类型变化检测。Sefrin 等人提出全卷积神经网络（FCN），并将 FCN 与长短期记忆（LSTM）网络相结合，采用 Sentinel－2 遥感影像进行土地覆盖变化检测，实现建筑、水体、森林等多种类型的变化检测。Li 等人提出了一种基于噪声建模的无监督全卷积网络，用于高光谱影像，从而实现农田、农村、湖泊的变化检测，该网络利用现有无监督变化检测方法的变化检测图来训练深度 CNN，然后在端到端训练过程中去除噪声。Zheng 等人提出了一种新的跨层卷积神经网络（CLNet），以 UNet 结构为骨干，嵌入新设计的跨层块（CLB）以融合多尺度特征和多层次上下文信息，该网络应用于 LEVIR－CD 和 WHU Building 遥感数据集，实现建筑物变化检测。Qu 等人针对合成孔径雷达图像的频域提出了双域网络 DDNet，该网络的多区域卷积（MRC）模块强调每个补丁的中心区域，对上下文信息和中心区域特征进行自适应建模，并在频域分支采用重塑后的离散余弦变换（DCT）域的特征。Kou 等人通过将卷积长短期记忆（ConvLSTM）网络嵌入到条件生成对抗网络（cGAN）中，开发了一种名为渐进域适应（PDA）的新方法，用于使用季节变化遥感图像进行土地覆盖分布的变化检测。通过遥感影像变化检测，可以实现对大范围、长时序、高精度的地表或地物变化信息的获取和分析，为地理信息的更新和变化提供了重要的数据支持。

2.4 网络架构

2.4.1 图像分类网络架构

1. LeNet－5

在 20 世纪末期，以 LeCun 为首的研究者提出了 LeNet－5 模型并对手写数字进行识别。此模型的结构较为简单，主要由卷积层、池化层、全连接层构成，其数量分别为 3 层、2 层、1 层。LeNet－5 模型提出卷积层-池化层-全连接层结构，首先将输入图像经过卷积层进行特征提取，随后经过最大池化层来降低特征图尺寸，从而减少参数数量，最后全连接层将特征图压缩成一维向量进行最终的分类。LeNet－5 模型结构如图 2－5 所示。

2. VGGNet

VGGNet 模型是 2014 年由 Simonyan 等人提出的，主要贡献是使用较小的卷积核增加 CNN 的层数来提高精度。VGGNet 网络结构分为 VGGNet-11/13/16/19，在 VGGNet-16 中存在两个连续的卷积层，这两个卷积层中核尺寸为 3×3，经过卷积操作后得到的感受野大小与单层核尺寸为 5×5 的相同，将上述两个卷积层再次使用相同的卷积核进行卷积操作得到的感受野与单层核尺寸为 7×7 的相同，这样可以使感受野大小不变，采用更多尺寸小的卷积核的卷积层来引入更多的激活函数 ReLU 以提高网络的拟合能力，并且可以使得感受野大小不变的同时模型参数减少。VGGNet－16 的网络结构如图 2－6 所示。

VGGNet－16 网络结构仍然由经典的卷积、池化以及全连接层构成，其数量分别是 13、5、3。在此网络中，卷积层均采用 3×3 卷积核，步长为 1，使用这种方式得到的特征图始终保持原本大小；池化层为了降低特征图的尺寸，采用步长为 2，同时在 2×2 的区域

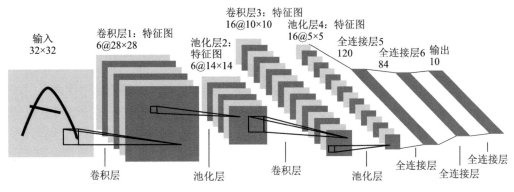

图 2-5 LeNet-5 模型结构

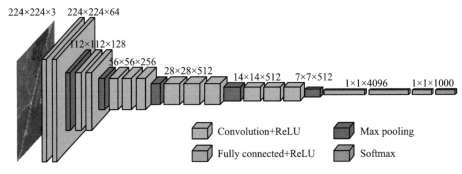

图 2-6 VGGNet-16 模型结构

内选择最大值。整个网络中的卷积层分为 5 个部分，每部分有 2 或者 3 个卷积层，每一个卷积层后都连接一个激活函数 ReLU，最后将结果输入到 Softmax 层进行最终分类。

3. ResNet

从理论层面分析，提取特征信息的丰富程度与网络层数呈正相关关系。但是在 He 等人的研究中发现，网络层增加到一定程度之后，准确率并没有持续增加反而降低，为了避免这种情况出现，He 等人提出了 ResNet 网络，在网络中引入残差结构，可以防止网络在训练时出现退化现象。ResNet-50/101/152 的残差结构如图 2-7 所示。

该残差结构分两个部分，一个是上方的残差映射（residual mapping），使用了三个卷积层，卷积核数量分别是 64、64、256，第一层中的主要作用是将特征通道缩小，因此使用 1×1 卷积之后特征图中的通道数量缩小为原特征图的四分之一，第二层作用是提取特征信息，选择 3×3 的卷积得到较为抽象的特征，第三层作用为恢复原始通道数量，所以仍选择 1×1 卷积，这样残差结构的结构特点为上层和下层特征维度高、中间层维度低，呈现像沙漏一样两端大中间小的形状。另一个是下方的恒等映射（identity mapping），通过跳层连接（shortcut connection）的操作保留了原来的输入并且没有进行任何处理，直接加到了输出上，这样做既不会增加参数，也不会让结构变复杂，然后将这两个部分进行叠加后使用激活函数 ReLU 进行输出。

ResNet 的网络结构是通过多个残差结构进行堆叠得到的，其具有多个结构，分别为 ResNet18/34/50/101/152，其中 ResNet50 的网络结构如图 2-8 所示。

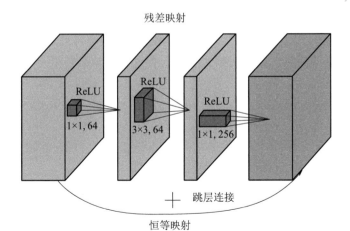

图 2-7　ResNet-50/101/152 的残差结构

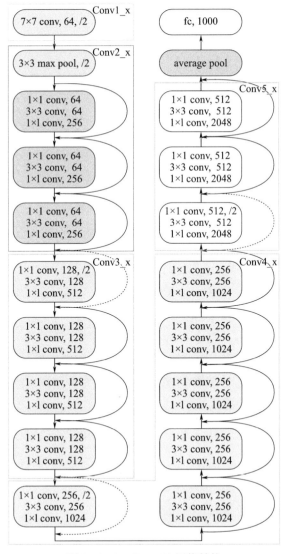

图 2-8　ResNet-50 网络结构

4. MobileNetV2 网络

MobileNet 系列网络针对性能较差的设备效果较好，深度可分离卷积（Depthwise separable convolution）使其成为轻量级模型，在很大程度上减少了卷积运算产生的参数，从而减少网络训练和预测时间。MobileNetV2 模型是在 MobileNetV1 模型的基础上加入了倒残差结构（Inverted residual block），并使用 ReLU6 激活函数来替换 ReLU 激活函数。

1）深度可分离卷积

MobileNetV2 模型的深度可分离卷积可以有效解决标准卷积在运行过程中所产生的大量的参数和计算量的问题。具体运行过程与不同如图 2-9 所示。

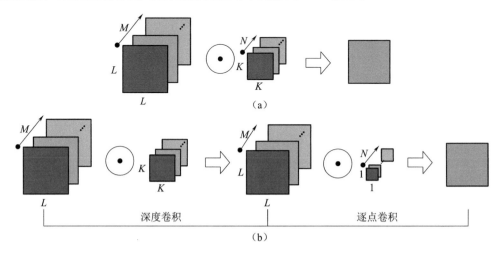

图 2-9 不同类型的卷积过程
（a）标准卷积；（b）深度可分离卷积

与标准卷积相比，深度可分离卷积可以大幅减少参数量和计算量，具体比值系数在式（2-21）和式（2-22）中计算：

$$P=\frac{P_{dsc}}{P_{ct}}=\frac{K\times K\times M+M\times N}{K\times K\times M\times N}=\frac{1}{N}+\frac{1}{K^2} \tag{2-21}$$

$$C=\frac{C_{dsc}}{C_{ct}}=\frac{K\times K\times M\times L\times L+M\times N\times L\times L}{K\times K\times M\times N\times L\times L}=\frac{1}{N}+\frac{1}{K^2} \tag{2-22}$$

式中，P 为参数量，C 为计算量，P_{dsc} 为深度可分离卷积参数量，P_{ct} 为标准卷积参数量，C_{dsc} 为深度可分离计算量，C_{ct} 为标准卷积计算量，K 为卷积核大小，L 为图像输入大小，M 为图像输入通道数，N 为卷积核数。

从上述公式可以看出，深度可分离卷积使参数量和计算量减少为标准卷积的 $\frac{1}{N}+\frac{1}{K^2}$，当卷积核大小为 3 时，$\frac{1}{N}+\frac{1}{K^2}$ 约为 1/9~1/8。因此，含有深度可分离卷积的 MobileNetV2 模型可以大量减少模型的参数量和计算量。

2）倒残差结构

轻量级网络 MobileNetV2 的倒残差结构如图 2-10 所示。

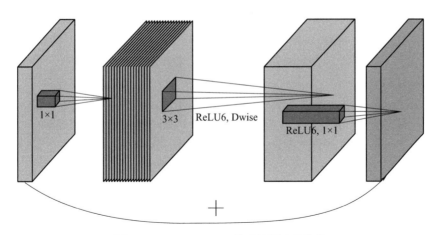

图 2 - 10 MobileNetV2 模型的倒残差结构

图 2 - 10 为倒残差结构，在此结构中首先要提升特征图的通道数，然后提取特征，最后恢复特征图的原始通道数。在输入通道数与输出通道数相同时，引入 ResNet 中的残差连接，将输出与输入直接相连。深度可分离卷积在较高维度中提取效果较好，所以在此结构中先提升维度，便于特征的获取，避免了 MobileNetV1 在深度卷积过程中卷积核失效等问题。此外，引入残差连接可避免在加深网络深度时出现梯度消失的现象。Sandler 等人认为如果通道数目较少时使用激活函数，会使得通道崩溃，同时会大量丢失特征，为了解决 ReLU 激活函数对低纬度信息丢失的问题，因此在线性瓶颈模块中使用线性激活函数来代替非线性激活函数，同时将 ReLU 函数变成 ReLU6 函数，在性能较为一般的设备中使用 ReLU6 函数也能达到较好的效果，当特征值大于 6 时，其输出也为 6，保证输出最大值为 6。ReLU 函数的输出范围是 0 到正无穷，容易造成数值爆炸。

3）网络结构参数

MobileNetV2 的网络结构参数如表 2 - 1 所示。

MobileNetV2 网络的结构参数   表 2 - 1

Input	Operator	t	c	n	s
$224^2 \times 3$	conv2d	—	32	1	2
$112^2 \times 32$	bottleneck	1	16	1	1
$112^2 \times 16$	bottleneck	6	24	2	2
$56^2 \times 24$	bottleneck	6	32	3	2
$28^2 \times 32$	bottleneck	6	64	4	2
$28^2 \times 64$	bottleneck	6	96	3	1
$14^2 \times 96$	bottleneck	6	160	3	2
$7^2 \times 160$	bottleneck	6	320	1	1
$7^2 \times 320$	Conv2d 1×1	—	1280	1	1
$7^2 \times 1280$	avgpool 7×7	—	—	1	—
$1 \times 1 \times k$	Conv2d 1×1	—	k	—	—

表 2-1 中，t 是输入通道的倍增系数，c 是输出特征图的通道数，n 是当前卷积块重复使用的次数，s 是当前卷积块第一次重复时的步长，后面重复的步长都为 1，所有的标准卷积（conv2d）和倒残差（bottleneck）结构中的卷积核大小都是 3×3。

5. Vision Transformer

Vision Transformer 是一种用于计算机视觉任务的深度学习模型，它基于 Transformer 架构，通过自注意力机制对图像进行建模。在传统的卷积神经网络中，卷积层负责提取图像的局部特征，而全连接层则负责整合这些特征进行分类或回归。相比之下，Vision Transformer 将图像看作是一个序列数据，将其分解为一系列的图像块，然后使用 Transformer 的机制进行图像建模。该模型的结构如图 2-11 所示。

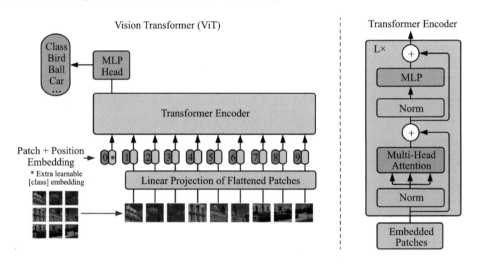

图 2-11 Vision Transformer 模型结构图

具体来说，Vision Transformer 模型由三个模块组成。

1）Linear Projection of Flattened Patches

该部分由输入嵌入（Input Embedding）和位置编码（Positional Encoding）组成，输入嵌入负责将输入图像分为图像块（patches），并通过线性变换将每个图像块映射为特征向量；位置编码负责保留输入图像的位置信息，它通过将位置信息编码为特定的向量，与输入特征向量进行相加。

2）Transformer Encoder

Transformer Encoder（Transformer 编码器）：由多个 Transformer 编码器组成的编码器层，负责对输入的特征向量进行处理。每个 Transformer 编码器包括 Layer Normalization（LN）、Multi-Head Attention 和 MLP Block，其中 LN 是对某一个样本，计算该样本所有特征图的均值和方差，然后对这个样本作归一化；Multi-Head Attention 联合来自不同 self-attention 模块学习到的信息，从而使模型可以从不同角度理解输入的序列，用于捕捉图像块之间的关系；MLP Block 由两层全连接层、GELU 激活函数和 Dropout 组成，采用的是倒瓶颈结构，输入特征层经过一次全连接之后，通道膨胀为原来的 4 倍，后一个全连接层再恢复成原来的数目。MLP Block 的作用是建模全局信息，实现全局特征交互。

3）MLP Head

MLP 是由两层全连接层和 Tanh 激活组成，用于需要时提取出对应的 class token 获取分类结果，从而输出最终的预测结果。

6. MobileViT

MobileViT（Mobile Vision Transformer）是一种在深度学习中应用的轻量级视觉 Transformer 模型，旨在减少计算和参数量，适用于移动设备等资源受限的场景。MobileViT 结合了 Transformer 模型和卷积神经网络的思想，有效地在计算性能和模型能力之间进行权衡。MobileViT 模型的结构如图 2 – 12 所示。

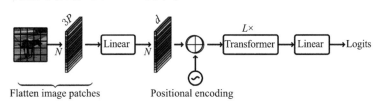

（a）Standard visual transformer（ViT）

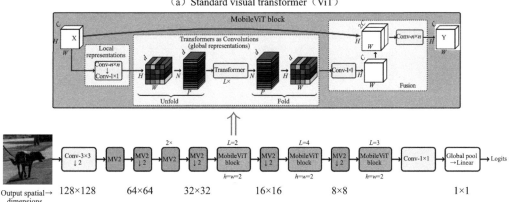

（b）MobileViT. Here，Conv-$n{\times}n$ in the MobileViT block represents a standard $n{\times}n$ convolution and MV2 refers to MobileNetV2 block. Blocks that perform down-sampling are marked with ↓ 2

图 2 – 12　不同模型的结构

（a）ViT 模型；（b）MobileViT 模型

图 2 – 12（a）中标准 ViT 操作：首先将输入的图片划分成一个个 Patch，然后通过线性变化将每个 Patch 映射到一个一维向量中，接着加上位置偏置信息（可学习参数），再通过一系列 Transformer Block，最后通过一个全连接层得到最终预测输出。图 2 – 12（b）中 MobileViT 模型主要由标准卷积、MV2（MobiletNetV2 中的 Inverted Residual block）、MobileViT block、全局池化和全连接层组成。其中核心部分是 MobileViT block，图 2 – 12（b）中 MobileViT block 的结构：首先将特征图通过一个卷积核大小为 $n{\times}n$ 的卷积层进行局部的特征建模，然后通过一个卷积核大小为 1×1 的卷积层调整通道数，接着通过 Unfold – Transformer – Fold 结构进行全局的特征建模，然后再通过一个卷积核大小为 1×1 的卷积层将通道数调整回原始大小，接着通过 shortcut 捷径分支与原始输入特征图进行 Concat 拼接（沿通道 channel 方向拼接），最后再通过一个卷积核大小为 $n{\times}n$ 的卷积层作特征融合得到输出。

与 ViT 相比，MobileViT 具有以下优点：

（1）分块输入：MobileViT 在输入图像时采用了分块的方式，将大图像切割成较小的图块。这样做有助于提供多尺度的信息，并且可以降低整个模型的计算复杂度。而 ViT 则需要将整个图像作为输入进行处理，可能导致较高的计算开销。

（2）低维特征表示：MobileViT 通过嵌入层将图块转换为低维特征表示。这样可以减少模型的参数量，降低计算复杂度。相比之下，ViT 中的嵌入层会引入较大的参数量。

（3）针对移动设备：MobileViT 采用了轻量级的结构，其设计目标是为了适应移动设备等资源受限的场景。在设计上更注重计算效率，能够在保持一定准确性的同时，具备较低的推理延迟和功耗。而 ViT 则更多地关注准确性，并在更大规模的计算资源上取得优越性能。

2.4.2 语义分割网络架构

1. FCN

FCN 是一种端到端的分割模型，与 CNN 不同，为了让输出的结果大小与输入图像大小相同，FCN 最后使用卷积操作实现，在网络中经过卷积以及池化操作之后，特征图越来越小，FCN 使用转置卷积（Transposed Convolution）操作，将特征图逐步恢复到原始图像尺寸，从而达到逐像素分类。如图 2-13（a）所示，使用 3×3 的标准卷积对 4×4 的图像进行卷积操作，会得到 2×2 的特征图。如图 2-13（b）所示，使用 3×3 的标准卷积对 2×2 的图像进行转置卷积操作，在图像边界补 0，最终得到 4×4 的特征图。

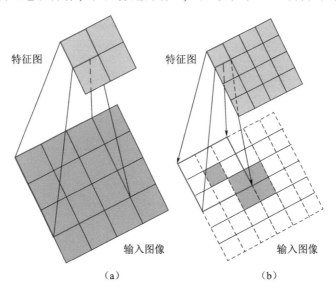

特征图　　　　　　　　　　　特征图

输入图像　　　　　　　　　　输入图像

（a）　　　　　　　　　　（b）

图 2-13　不同卷积的运行过程
（a）标准卷积；（b）转置卷积

如图 2-14 所示的 FCN 结构中，使用 5 次卷积和池化操作之后得到的特征图尺寸是原始图像的 1/32，第 6、7 层卷积操作只改变通道数目而不改变图像尺寸，然后 FCN-32s 将第 7 层的输出结果进行上采样操作，得到的特征图与原图尺寸一致，实验结果表示该预测图的结果精度很差，分割的图像很粗糙，细节部分不完善。因此，为了提升准确度，FCN-16s 首先将第 7 层的结果上采样，此时特征图尺寸变为原来的 2 倍，再与第 4 层的结果融合，然后再次进行上采样操作，此时特征图大小与原始图像相同。FCN-8s 首先将

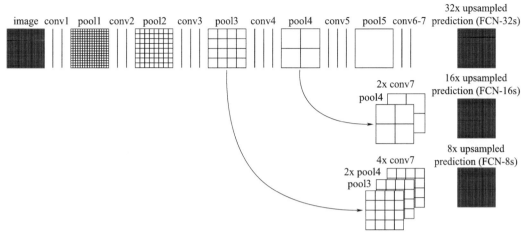

图 2 - 14　FCN 模型结构

第 7 层的结果上采样，此时特征图变为原来的 4 倍，再与第 4 层上采样 2 倍后的结果融合，然后与第 3 层的结果融合，再次进行上采样操作，此时特征图大小与原始图像相同。通过实验结果可以看出 FCN - 8s 预测的结果与标签最接近。

2. SegNet

SegNet 是图像分割领域中经典的模型，其主要由编码器（Encoder）以及解码器（Decoder）构成，将解码器得到的结果输入到 softmax 函数中进行逐像素分类。SegNet 模型结构如图 2 - 15 所示。

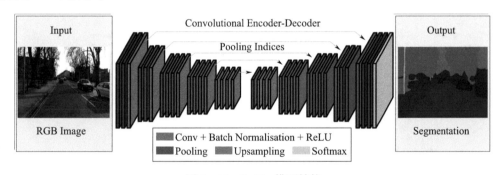

图 2 - 15　SegNet 模型结构

SegNet 的编码器选用 VGGNet - 16 网络的前 13 个卷积层，取消了全连接层来减少参数。每个卷积层后面都经过批量归一化和激活函数 ReLU 处理，使网络能够解决非线性特征分类和梯度消失问题。然后，通过步长为 2，池化核为 2×2 的最大池化操作将特征图尺寸缩小为原来的一半，使用解码器能够提升特征图的尺寸大小，将特征图恢复为原始图片大小时，通过 Softmax 函数对图像进行逐像素分类。

从图 2 - 16 可以看出，SegNet 和 FCN 两种模型的解码器使用不同的方法对图像尺寸进行还原。SegNet 的还原方式是将特征值为 a、b、c、d 且大小为 2×2 的图像使用最大池化索引（Max - pooling Indices）对特征图进行上采样，依照网络中对特征值的位置记录将数值反映到图像中，未记录位置的部分使用 0 填充，并使用可训练的解码器进行卷积。在

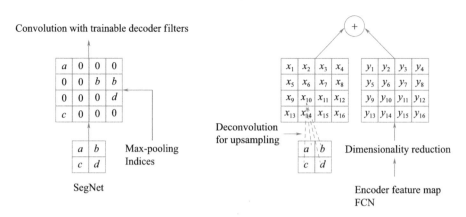

图 2-16 SegNet 与 FCN 的解码器的还原对比

FCN 网络中先将待还原的图像进行转置卷积操作使其尺寸变成原来的两倍，然后与编码器中产生的同等大小的特征图进行叠加。

3. UNet

Ronneberger 等人提出了 UNet 模型，该模型的编码器共有五个尺度的特征图，解码器中的各部分直接与编码器中相同通道数的特征图进行融合，总共进行四次融合，UNet 模型适用于任意大小的图像分割，其结构如图 2-17 所示。

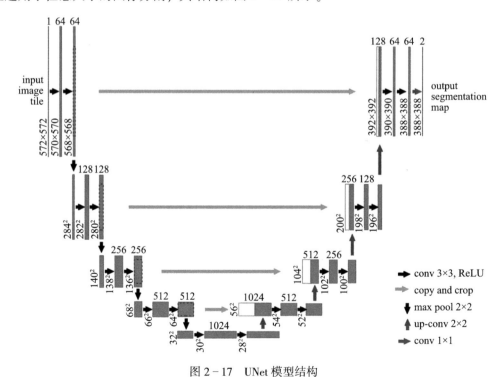

图 2-17 UNet 模型结构

UNet 网络整体呈一个 U 形的结构，左半部分是收缩路径，右半部分是膨胀路径。收缩路径按照卷积神经网络的基本结构，重复应用了两个 3×3 的卷积单元，每个卷积单元的后面都是一个 ReLU 跟一个步幅为 2 的 2×2 最大池化（max pool），进行降采样。每个降采样的过程中作者都会将特征通道的数量增加一倍。扩展路径中的每一步都包括一个特征图的上采样，然后是一个 2×2 的上卷积（up-conv），它使特征通道的数量减半，与从收缩路径中相应裁剪的特征映射进行连接（copy and crop），以及两个 3×3 卷积单元，每个后面跟着一个 ReLU。由于在每次卷积中都丢失边界像素，裁剪是必要的。在最后一层，使用 1×1 的卷积单元将每 64 个分量的特征向量映射到所需的类的数量，UNet 网络总共有 23 个卷积层。

4. PSPNet

Zhao 等人在 2017 年提出了具有全局上下文信息一致性的 PSPNet 模型，该模型的特点是金字塔池化模块并为 ResNet 模型引入一种具有深度监督的辅助损失函数的优化策略，其结构如图 2-18 所示。

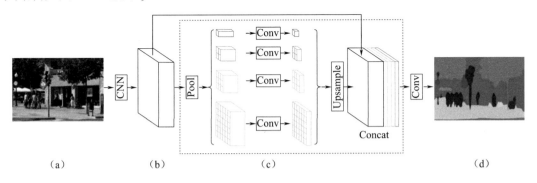

图 2-18　PSPNet 模型结构

（a）Input Image；（b）Feature Map；（c）Pyramid Pooling Module；（d）Final Prediction

该模型由特征提取模块（Feature Map）和金字塔池化模块（Pyramid Pooling Module）组成，其中特征提取模块采用 ResNet 网络对图像进行特征提取，对于图像语义特征挖掘得越充分，越利于图像的分类。采用 ResNet 网络不仅可以有效地拓展网络深度，同时相比 VGG 等网络模型 ResNet 更轻量；金字体池化模块，设置了 4 个不同的池化层，将多个尺度的池化特征进行堆叠，实现上下文语义信息贯通。

5. DeepLabV3+

DeepLabV3+模型也是由编码器和解码器组成的网络，编码器中的主干网络（DCNN）采用的是使用多个连续的空洞卷积（Atrous Convolution）的 Xception 网络并使用多个不同的 rate 并行空洞卷积块（ASPP）来提取特征。DeepLabV3+的网络结构如图 2-19 所示。

DeepLabV3+模型的运行过程是首先将图片经过主干网络进行处理，随后分为两个部分，一部分是将 DCNN 的低级特征（Low-Level Features）直接传入解码器，随后经过 1×1 的卷积进行特征降维，减少其通道数，目的是减少低级特征所占的比重。另一部分是将特征传入 ASPP 模块，在此模块中可获取多尺度的特征，随后进行堆叠并通过 1×1 的卷积进行处理，这样整个编码器的深层次特征就传入到了解码器，然后将编码器输出的特征图进行上采样还原，目的是使特征图大小与低级特征图一样。最后将这两部分进行堆叠，然后通过 3×3 的卷积，最后进行上采样得到最终的分类结果。其中空洞卷积的原理如下：

空洞卷积（dilated convolution）是卷积的一种扩展形式，它通过在卷积核中引入空洞来扩展感受野，从而增加了模型的感知范围。下面详细介绍空洞卷积的原理。

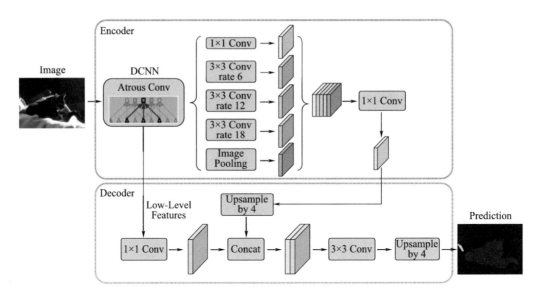

图 2 - 19　DeepLabV3+模型结构

　　通常的卷积操作可以看作在输入图像上滑动一个卷积核，然后通过相乘和相加的方式来计算输出特征图的像素值。而空洞卷积则在卷积核内部引入空洞，使得卷积核在输入图像上的采样不再是连续的，而是通过跳跃式的采样进行，从而扩展了感受野。感受野是指某一层神经元响应的输入数据区域的大小。它表示了一个神经元对输入数据的局部区域有多大的感知范围。感受野大小决定了神经元能够对输入数据的多大区域进行感知。较小的感受野可以提取细节特征，较大的感受野可以提取全局信息。通过不同层的组合和堆叠，深度神经网络能够逐渐提取出不同尺度的特征，从而实现对输入数据的全局理解和丰富的抽象表达。

　　具体来说，空洞卷积的原理可以通过以下步骤进行说明：

　　（1）定义卷积核和空洞率：空洞卷积与传统的卷积操作类似，需要定义卷积核的大小和深度。此外，还需要指定一个空洞率或称为膨胀率（dilation rate），用于控制卷积核内部采样的步长。空洞率为 1 时，即为普通的卷积操作。

　　（2）确定采样位置：在进行卷积操作时，传统的卷积核是按照一定的步长进行连续采样的，而空洞卷积将采样位置限制在空洞处。具体而言，卷积核的中心点移动到空洞位置后，下一次采样位置是在当前位置的基础上按照空洞率进行跳跃式的移动。

　　（3）执行卷积计算：在确定了采样位置后，就可以对输入图像和卷积核进行相乘和相加的操作，计算出对应的输出特征图。

　　通过上述步骤，空洞卷积能够扩展卷积核的感受野，提供更大范围的上下文信息，从而增强模型对图像中不同尺度目标的识别能力。此外，空洞卷积还可以减少参数数量和计算复杂度，提高模型的效率。

　　Yu 等人提出了空洞卷积，它是在标准卷积核中增加膨胀比率来控制卷积核的间距大小。与标准卷积不同的是，空洞卷积是在卷积核中的权值之间增加 0，这种做法不仅不会增加网络的计算量以及参数量，而且能够增加整体网络的感受野。如图 2 - 20 所示，如果将三个膨胀比率都为 2 的空洞卷积进行连续堆叠，则会使得一些像素点无法被卷积核处理，从而造成信息非常稀疏，不利于学习特征。

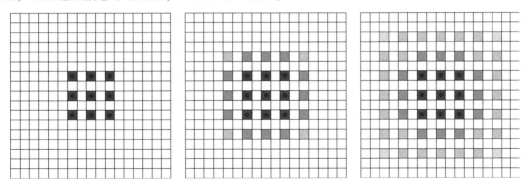

图 2-20　空洞卷积

Wang 等人发现若仅仅堆叠单一膨胀比率的空洞卷积核，则会出现信息丢失的情况，从而使得精度损失，为了避免上述问题发生，提出了混合空洞卷积（HDC），保留了空洞卷积的优点的同时消除了信息丢失的问题。选择膨胀比率为 1、2 和 4 的卷积核进行卷积操作，如图 2-21 所示，第一层卷积核为 3×3，膨胀比率为 1，经过卷积操作后感受野大小与同等大小的卷积核得到的感受野相同；第二层卷积核大小不变，膨胀比率变为 2，此时的感受野与卷积核为 7×7 的感受野一致；第三层卷积核大小也不变，膨胀比率变为 4，此时的感受野与卷积核为 15×15 的感受野一致。

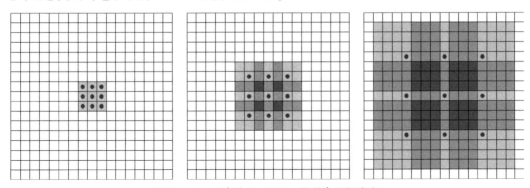

图 2-21　比率为 1、2 和 4 的混合空洞卷积

选择具有不同膨胀比率的混合空洞卷积必须满足一定的条件，即：

$$M_i = \max\left[M_{i+1}-2d_i, M_{i+1}-2(M_{d+1}-d_i), d_i\right] \tag{2-23}$$

式中，M_i 表示第 i 层两个非 0 像素的最大距离，d_i 表示第 i 层的膨胀比率，$M_n = d_n$，即最后一层的非 0 像素的最大距离要等于最后一层的膨胀比率。若 k 为卷积核大小，则需要满足 $M_2 \leqslant k$，举个例子，如 $k=3$，膨胀比率 $d=[1, 2, 4]$，则 $M_2 = \max[4-4, 4-(2\times2), 2]=2$。

相比标准卷积，空洞卷积的感受野能随着网络层数指数级增长。假设卷积核大小为 k，引入膨胀比率为 d 的空洞卷积核对应的卷积核大小 a 见式（2-24）：

$$a = k + (k-1)\times(d-1) \tag{2-24}$$

$$r_m = r_{m-1} + (a-1)\times\prod_{n=1}^{m-1}s_n \tag{2-25}$$

式（2-25）表示感受野的计算方法，其中 r_m 是第 m 层的每个点的感受野，r_{m-1} 是第

$m-1$ 层的每个点的感受野，s_n 是第 n 层卷积的步长。

6. Swin – Transformer

Swin – Transformer 是一种用于图像识别任务的深度学习模型，它结合了 Transformer 和局部感知机制，以提高对大尺度图像的处理能力。在传统的 Transformer 模型中，输入序列（例如文本序列）的每个位置都有自注意力机制进行建模。但是在图像领域，由于图像的尺寸较大，直接将像素视为序列进行自注意力计算会导致计算复杂度过高。为了解决这个问题，Swin – Transformer 模型引入了分层的自注意力机制，具体如图 2 – 22 所示。

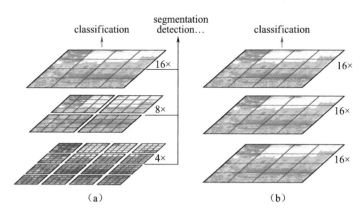

图 2 – 22 不同模型的特征映射过程
（a）Swin – Transformer 模型；（b）ViT 模型

Swin – Transformer 将特征图分解为下采样 4 倍、8 倍以及 16 倍不同的层级，且每个层级的每个分块叫作一个局部窗口（local window），然后对每个局部窗口进行自注意力计算。这样一来，模型可以更有效地处理大尺度图像，而不会受到计算复杂度的限制，这样的 backbone 有助于在此基础上构建目标检测、实例分割等任务。而在之前的 Vision Transformer 中是一开始就直接下采样 16 倍，后面的特征图也是维持这个下采样率不变。

Swin – Transformer 模型分为以下三个步骤：

①如图 2 – 23（a）所示，首先将图片输入到 Patch Partition 模块中进行分块，即每 4×4 相邻的像素为一个 Patch，然后在 channel 方向展平（flatten）。假设输入的是 RGB 三通道图片，那么每个 patch 就有 4×4＝16 个像素，然后每个像素有 R、G、B 三个值，所以展平后是 16×3＝48，所以通过 Patch Partition 后图像 shape 由［$H,W,3$］变成了［$H/4,W/4,$ 48］。②然后在通过 Linear Embeding 层对每个像素的 channel 数据作线性变换，由 48 变成 C，即图像 shape 再由［$H/4,W/4,48$］变成了［$H/4,W/4,C$］。然后就是通过四个 Stage 构建不同大小的特征图，除了 Stage1 中先通过一个 Linear Embeding 层外，剩下三个 Stage 都是先通过一个 Patch Merging 层进行下采样。然后都是重复堆叠 Swin Transformer Block。注意：这里的 Block 其实有两种结构，如图 2 – 23（b）中所示，这两种结构的不同之处仅在于一个使用了 W – MSA 结构，一个使用了 SW – MSA 结构。而且这两个结构是成对使用的，先使用一个 W – MSA 结构，再使用一个 SW – MSA 结构。③最后，对于分类网络，后面还会接上一个 Layer Norm 层、全局池化层以及全连接层得到最终输出。

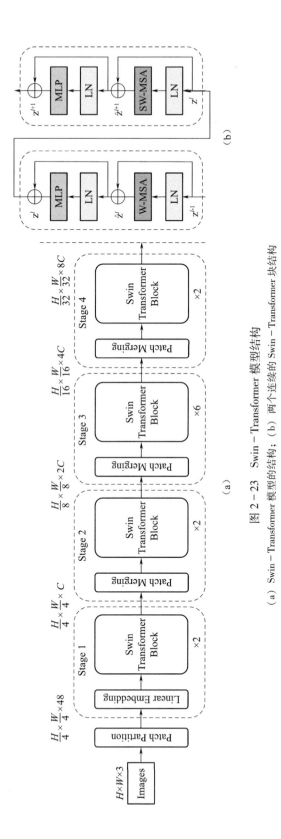

图 2 − 23 Swin − Transformer 模型结构

（a）Swin − Transformer 模型的结构；（b）两个连续的 Swin − Transformer 块结构

7. Segformer

Segformer 是一种用于图像分割任务的深度学习模型，它结合 Transformer 和卷积神经网络（CNN）的优势，广泛应用于语义分割方面。针对 Vision Transformer（ViT）模型，Segformer 模型作了以下更新：

（1）之前 ViT 做 patch embedding 时，每个 patch 都是独立的，而 Segformer 对 patch 设计成有重叠的，保证局部连续性。

（2）使用了多尺度特征融合。Encoder 输出多尺度的特征，Decoder 将多尺度的特征融合在一起，使模型能够同时捕捉高分辨率的粗略特征和低分辨率的细小特征，优化分割结果。

（3）舍弃了 ViT 中的 position embedding 位置编码，取而代之的是 Mix FFN，使测试图片大小与训练集图片大小不一致时，不需要再对位置向量作双线性插值。

（4）轻量级的 Decoder，使得 Decoder 的计算量和参数量非常小，从而使得整个模型可以高效运行，简单直接，并通过聚合不同层的信息，结合了局部和全局注意力。

随后，Segformer 模型结构如图 2-24 所示：

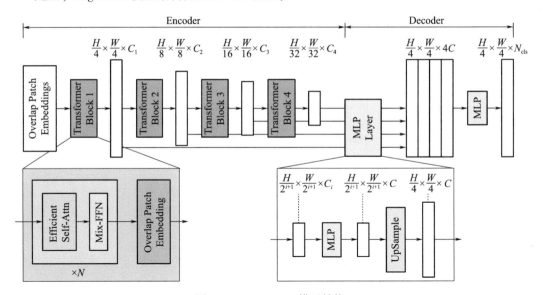

图 2-24　Segformer 模型结构

Segformer 模型主要包含两个部分：编码器和解码器。编码器是由多个 Transformer Block 堆叠起来的，其中包含 Efficient Self-Attn、Mix-FFN 和 Overlap Patch Merging 三个模块。

1）编码器

（1）Efficient Self-Attn

由于自注意力（Self-Attn）的计算量较大，该模型采用了 spatial reduction 操作，其式如下：

$$\hat{K} = Reshape\left(\frac{N}{R}, C \cdot R\right)(K)$$

$$K = Linear(C \cdot R, C)(\hat{K})$$

（2-26）

式中，K 是待简化的序列；R 为缩减比率；N 和 C 为输入维度；$Resshape\left(\dfrac{N}{R}, C \cdot R\right)(K)$

表示将 K 值变化为 $\dfrac{N}{R} \times C \cdot R$；$Linear(C \cdot R, C)(\hat{K})$ 表示将 $\hat{K}$ 值进行线性变化。

上述公式是将输入维度 $N \times C$ 的 K 矩阵通过 Reshape 操作，变换大小，然后通过线性变换，将 K 大小进行变换。同样 V 矩阵也与 K 矩阵一样，进行了同样的操作。

（2）Mix‒FFN

该模型将位置编码（position encoding）替换为 Mix‒FFN，并使用 0 padding 的 3×3 卷积操作加入位置信息，其式如下：

$$x_{out} = MLP\{GELU[Conv_{3\times3}(MLP(x_{in}))]\} + x_{in} \qquad (2\text{-}27)$$

式中，x_{in} 是自注意力机制模块的特征；x_{out} 是输出的特征；MLP 为多层感知机；$GELU$ 为激活函数；$Conv_{3\times3}$ 为 3×3 的卷积。

Mix‒FFN 将一个 3×3 的卷积和一个 MLP 混合到每个 FFN 中。

（3）Overlap Patch Merging

为了产生类似于 CNN 主干网络的多尺度特征图，Segformer 通过 patch merging 的方法对输入图像进行处理，将特征图合并成向量以降低特征图的分辨率。此外，Segformer 在切割 patch 时采用了重叠的 patch，可以保证 patch 边界的连续性。

2）解码器

解码器是一个仅由 MLP 层组成的轻量级 Decoder，之所以能够使用这种简单结构，关键在于分层 Transformer 编码器具有比传统 CNN 编码器更大的有效感受野。解码器首先将来自编码器的四个不同分辨率的特征图 F_i 分别经过 MLP 层使得通道维度相同；然后，将特征图分别进行双线性插值上采样到原图的 1/4，并拼接在一起；随后，使用 MLP 层来融合级联特征；最后，使用另外一个 MLP 层采用融合特征图输出最终 $\dfrac{W}{4} \times \dfrac{W}{4} \times N_{cls}$ 的预测特征图，具体见式（2‒28）。

$$\begin{aligned}
\hat{F}_i &= Linear(C_i, C)(F_i), \forall i \\
\hat{F}_i &= Upsample\left(\frac{W}{4} \times \frac{W}{4}\right)(\hat{F}_i), \forall i \\
F &= Linear(4C, C)[Concat(\hat{F}_i)], \forall i \\
M &= Linear(C, N_{cls})(F)
\end{aligned} \qquad (2\text{-}28)$$

式中，$Linear$ 为线性操作；$Upsample$ 为上采样操作；$Concat$ 为堆叠操作；F_i 为特征图；$\hat{F}_i$ 为经过处理后的特征图；M 为预测的标签，N_{cls} 为类别的数量。

Segformer 模型通过结合 Transformer 和卷积神经网络的优势，能够同时捕捉局部信息和全局上下文信息，从而在图像分割任务中取得较好的效果，它是一种可以应用于多种场景的强大模型。

由于深度学习语义分割模型在处理图像时过度压缩特征图而导致一些特征语义信息的损失，为了解决这个问题，学者们提出了注意力机制模块，让语义分割模型更加关注目标区域，对该区域投入更大的权重，突出显著有用的特征，抑制或忽略无关特征，使其能区分重点地去学习特征信息。下面介绍几种经典的注意力机制模块。

（1）CBAM

Woo 等人在 2018 年提出一种基于通道和空间双重注意力机制的 CBAM 模块，其结构如图 2－25 所示。

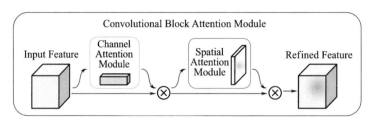

图 2－25　CBAM 模块结构

由图 2－25 可以看到，CBAM 包含 Channel Attention Module 和 Spatial Attention Module 两个子模块，分别进行通道和空间上的 Attention。这样不只能够节约参数和计算力，并且保证了其能够作为即插即用的模块集成到现有的网络架构中去。

①Channel Attention Module

Channel Attention Module（CAM）的结构如图 2－26 所示。

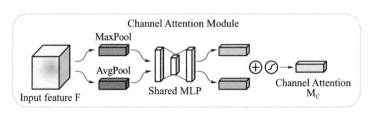

图 2－26　CAM 模块结构

CAM 将输入的 feature map 经过两个并行的 MaxPool 层和 AvgPool 层，将特征图从 $C×H×W$ 变为 $C×1×1$ 的大小，然后经过 Share MLP 模块，在该模块中，它先将通道数压缩为原来的 $1/r$（Reduction，减少率）倍，再扩张到原通道数，经过 ReLU 激活函数得到两个激活后的结果。将这两个输出结果进行逐元素相加，再通过一个 sigmoid 激活函数得到 Channel Attention 的输出结果，再将这个输出结果乘原图，变回 $C×H×W$ 的大小。CAM 使输入图片通道维度不变，压缩空间维度，关注图片中有意义的信息。其通道注意力见式（2－29）。

$$M_c(F) = \sigma\{MLP[AvgPool(F)] + MLP[MaxPool(F)]\}$$
$$= \sigma\{W_1[W_0(F_{avg}^c)] + W_1[W_0(F_{max}^c)]\} \qquad (2-29)$$

式中，σ 为 sigmoid 激活函数；F 为特征图；$W_0 \in R^{C/r×C}$；$W_1 \in R^{C×C/r}$；F_{avg}^c 和 F_{max}^c 分别表示平均池化特征和最大池化特征。

②Spatial Attention Module

Spatial Attention Module（SAM）的结构如图 2－27 所示。

SAM 将 Channel Attention 的输出结果通过最大池化和平均池化得到两个 $1×H×W$ 的特征图，然后经过 Concat 操作对两个特征图进行拼接，通过 $7×7$ 卷积变为 1 通道的特征图（实验证明 $7×7$ 效果比 $3×3$ 好），再经过一个 sigmoid 得到 Spatial Attention 的特征图，最后将输出结果乘原图变回 $C×H×W$ 大小。SAM 使输入图片空间维度不变，压缩通道维度，关

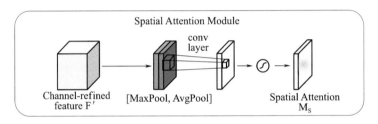

图 2 – 27　SAM 模块结构

注图片中目标的位置信息。其空间注意力见式（2 – 30）。

$$M_s(F) = \sigma\{f^{7\times7}\{[AvgPool(F); MaxPool(F)]\}\}$$
$$= \sigma[f^{7\times7}(F^s_{avg}; F^s_{max})] \tag{2-30}$$

式中，σ 为 sigmoid 激活函数；F 为特征图；$f^{7\times7}$ 表示卷积核大小为 7×7 的卷积操作；F^s_{avg} 和 F^s_{max} 分别表示平均池化特征和最大池化特征。

（2）SGE

Li 等人在 2019 年提出一种基于空间注意力机制的 SGE，其模块结构如图 2 – 28 所示。

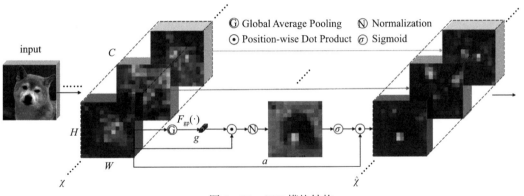

图 2 – 28　SGE 模块结构

卷积神经网络通过收集不同层次和不同部分的语义子特征来生成复杂对象的特征表示。这些子特征通常可以以分组形式分布在每一层的特征向量中，代表各种语义实体。然而，这些子特征的激活往往在空间上受到相似模式和噪声背景的影响，从而导致错误的定位和识别。而空间组增强（SGE）模块可以通过为每个语义组中的每个空间位置生成一个注意因子来调整每个子特征的重要性，从而每个单独的组可以自主地增强其学习的表达，并抑制可能的噪声。注意因素仅由各组内部的全局和局部特征描述符之间的相似性来引导，因此 SGE 模块的设计非常轻量级，几乎没有额外的参数和计算量。

（3）SE

Hu 等人在 2020 年提出一种基于通道域注意力机制的 SENet，其模块结构如图 2 – 29 所示。

SE 模块是通道域注意力机制，主要处理特征图的通道维度，使网络获得全局信息，让网络通过学习来获得一个权重矩阵，将网络模型对特征进行重构，即对通道权重进行重新分配，图 2 – 29 中用不同颜色显示出各个通道的权重比，颜色越深所占的权重比越大。SE 模块主要包含四个部分：Transformation 操作、压缩（squeeze）操作、激励（excita-

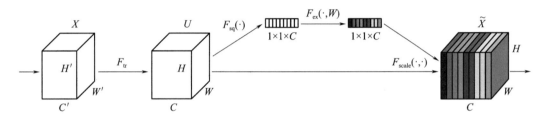

图 2-29　SE 模块结构

tion）操作和 Scale 操作。

SE 模块的 Transformation 操作是将输入进来的特征图作一个普通的卷积操作，得到一个输出特征图。Transformation 操作的表达见式（2-31）。

$$U = F_{tr}(X) \tag{2-31}$$

式中，$U \in R^{H \times W \times C}$，$H$ 表示特征图的高（Height），W 表示特征图的宽（Width），C 表示特征图的通道数（Channel），F_{tr} 是卷积操作，$X \in R^{H' \times W' \times C'}$。

SE 模块的压缩操作是通过全局平均池化（Global average pooling）将每个通道上对应的空间信息（$H \times W$）压缩到对应通道中变为 1 个数值，此时 1 个像素表示 1 个通道，即将大小为 $H \times W \times C$ 的特征图压缩为 $1 \times 1 \times C$，这样将特征图的高和宽进行压缩后获得一个一维向量，目的是获得全局感受野。压缩操作的表达如式（2-32）所示。

$$Z = F_{sq}(U) = \frac{1}{H \times W} \sum_{i=1}^{H} \sum_{j=1}^{W} U(i,j) \tag{2-32}$$

式中，$Z \in R^{1 \times 1 \times C}$ 是压缩操作输出，F_{sq} 是压缩操作，$U \in R^{H \times w}$。

注意力模块中的激励操作获得特征图的通道权重信息，它首先将特征图的通道数量由 C 压缩成 C/r，然后通过 ReLU 函数进行处理，去除特征值为负数的特征，然后使用全连接操作将通道数还原至原始数量，最后将特征图输入到 Sigmoid 函数中处理。

激励操作使用两个全连接层的目的是增加非线性激活函数，目的是增强拟合表达能力。激励操作的表达如式（2-33）所示。

$$S = F_{ex}(Z, W) = \sigma[g(Z, W)] = \sigma[W_2 \delta(W_1 Z)] \tag{2-33}$$

式中，$S \in R^{1 \times 1 \times C}$ 是激励操作输出，F_{ex} 是激励操作，$Z \in R^{1 \times 1 \times C}$ 是输入特征图，σ 是 Sigmoid 激活函数，δ 是 ReLU 激活函数，$W_1 \in R^{\frac{C}{r} \times C}$，$W_2 \in R^{C \times \frac{C}{r}}$，$r$ 是通道压缩倍率（reduction ratio）。

SE 模块的 scale 操作是将归一化后的权重加权到特征图上的每一个通道上，即将特征图每个位置上的所有高和宽的值都乘上对应通道的权重，对特征图进行重新校准。Scale 操作的表达见式（2-34）。

$$\widetilde{X} = F_{scale}(U, S) = S \times U \tag{2-34}$$

式中，$\widetilde{X}$ 是输出 X 的最后一个值，$X = [x_1, x_2, \cdots, x_c]$；$F_{scale}$ 是做 S 和 U 的乘法。

（4）ECA

Wang 等人指出 SE 模块存在两个问题，第一个是 SE 模块将特征图通道降到低维空间随后再映射回去，这样虽可以降低参数，但是会破坏通道和注意力权重的直接对应关系。

第二个问题是 SE 模块中的激励操作通过了两个全连接层，这样会带来很多参数。他们通过实验发现了通道与权重的直接连接很重要和一个全连接层的跨通道交互比降低通道维度效果好，于是对 SE 模块进行了改进，从而提出了 ECANet。

ECA 模块通过一维卷积大大减少了参数，即：

$$\omega = \sigma\left[C1D_k(Z)\right] \qquad (2-35)$$

式中，$C1D$ 表示 1D 卷积，k 表示卷积核数量，σ 表示激活函数 Sigmoid，Z 表示压缩操作输出。

随着网络层数的增加，通道数量以 2 的次幂形式增加，卷积核大小和通道数之间要存在对应关系，不能是一成不变的，即：

$$C = \phi(k) = 2^{(r \times k - b)} \qquad (2-36)$$

然后，给定通道维度 C，这样卷积核大小 k 可以自适应地计算，即：

$$k = \psi(C) = \left| \frac{\log_2(C)}{\gamma} + \frac{b}{\gamma} \right|_{\mathrm{odd}} \qquad (2-37)$$

式中，k 表示最接近奇数值，$\gamma = 2$，$b = 1$。

ECA 模块避免了通道维度的缩减，采用自适应卷积核大小的一维卷积来实现跨通道交互，使 ECANet 在提取特征性能好的同时也使得模型更加轻量级。ECA 模块的结构如图 2-30 所示。

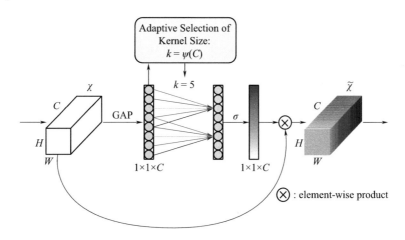

图 2-30　ECA 模块结构

将大小为 $H \times W \times C$ 的特征图输入到 ECA 模块中，首先通过全局平均池化层得到大小为 $1 \times 1 \times C$ 的特征图，然后通过式（2-37）得到自适应的卷积核大小 k 并将其应用在一维卷积中，得到每个通道的权重来重新分配，然后通过激活函数 Sigmoid 进行输出，保持通道维度不变，最后将后一个大小为 $1 \times 1 \times C$ 的特征图与原始特征图进行堆叠，从而得到一个新的注意力特征图。

（5）Self-Attention

自注意力机制（Self-Attention）将输入序列分为三个部分：查询（Query，Q）、键（Key，K）和值（Value，V）。查询是需要了解其他元素的元素，键和值是被查询的元

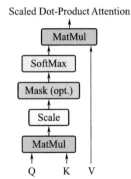

图 2 - 31 自注意力机制结构

素。通过计算查询与键之间的相似度，我们可以得到一个注意力权重分布，用于将值与查询进行加权相加得到最终的表示，具体如图 2 - 31 所示。

自注意力机制最核心的部分见式（2 - 38）。

$$Attention(Q,K,V) = softmax\left(\frac{QK^T}{\sqrt{d_k}}\right)V \qquad (2-38)$$

式中，$Attention$ 为注意力机制；d_k 为 Key 向量的维度；$softmax$ 为分类器；Q、K、V 为矩阵；K^T 为 K 矩阵的转置。

上述公式首先计算矩阵 Q、K 之间的点积，为了防止其结果过大，保证模型在训练过程中保持梯度值稳定，会除以 $\sqrt{d_k}$，其中 d_k 为 Key 向量的维度。然后利用 softmax 操作将其结果归一化为概率分布，再乘以矩阵 V 就得到权重求和的表示。

具体来说，自注意力机制会计算查询与每个键之间的相似度得分。这个相似度得分可以使用向量点积、双线性函数或者其他方法得到。然后，通过对相似度得分进行归一化，得到注意力权重。最后，将注意力权重与对应的值进行加权平均，得到自注意力机制的输出。在自注意力机制中，每个元素都可以同时作为查询、键和值，从而允许每个元素在计算注意力权重时，考虑与其他所有元素的关系。这种机制帮助模型捕捉到输入序列中的长距离依赖关系，从而更好地理解序列中的上下文信息。

为了进一步完善自注意力层，通过添加一种多头注意力机制（Multi - Head Attention），具体做法：首先，通过 h 个不同的线性变换对 Query、Key 和 Value 进行映射；然后，将不同的 Attention 拼接起来；最后，再进行一次线性变换。基本结构如图 2 - 32 所示。

Multi - Head Attention 的本质是，在参数总量保持不变的情况下，将同样的 Query、Key、Value 映射到原来的高维空间的不同子空间中进行 Attention 的计算，在最后一步再合并不同子空间中的 Attention 信息。这样降低了计算每个 Head 的 Attention 时每个向量的维度，以防止过拟合；由于 Attention 在不同子空间中有不同的分布，Multi - Head Attention 实际上是寻找了序列之间不同角度的关联关系，并在最后拼接这一步骤中，将不同子空间中捕获到的关联关系再综合起来。

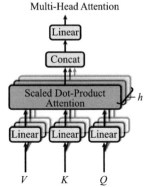

图 2 - 32 多头注意力机制结构

2.4.3 目标检测网络架构

1. Faster R - CNN

Faster R - CNN（Faster Region Convolutional Neural Network）是一种常用于目标检测任务的深度学习模型。相较于传统的目标检测方法，Faster R - CNN 通过引入区域建议网络（Region Proposal Network，RPN）实现了更高的检测速度和准确性。Faster R - CNN 模型的主要结构包括共享卷积层、RPN 和目标检测网络。首先，共享卷积层是一个卷积神经网络，通常使用预训练的卷积网络（如 VGG、ResNet 等）来提取输入图像的特征。这些特征可以反映图像中的语义信息，如边缘、纹理等。接下来，RPN 负责生成候选目标框。它在共享卷积层的特征图上滑动不同大小的窗口，对每个窗口预测目标和背景的概率，并回归边界框的坐标。RPN 使用锚框（anchor boxes）来表示不同尺度和长宽比的可能目标。通过计算锚框与真实目标框的重叠程度，RPN 筛选出一些概率较高的候选目标框。最后，目标检测网络是一种用于分类和回归的网络结构。它接收 RPN 生成的候选目标框作为输入，并对每个候选目标框进行类别的预测和边界框的精准回归。通常，目标检测网络在共享卷积层之后添加几个卷积层和全连接层，并利用多任务损失函数进行训练。这些损失函数包括目标分类损失和边界框回归损失。Faster R-CNN 模型的训练过程分为两个阶段：预训练和微调。首先，共享卷积层通过在大规模图像分类数据集上进行预训练来学习图像的高级特征。然后，在目标检测任务的特定数据集上，通过微调整个网络来调整参数并提高性能。相对于传统的目标检测方法，Faster R-CNN 引入了 RPN 来自动提取候选目标，并使用共享卷积层进行特征提取，从而减少了重复计算和特征提取的时间。这使得 Faster R-CNN 能够在保持准确性的同时显著提高检测速度，成为目前目标检测任务中的主流模型之一。

2. Mask R-CNN

Mask R-CNN（Mask Region Convolutional Neural Network）是一种在深度学习中常用于目标检测和实例分割的模型。Mask R-CNN 不仅可以检测出图像中的目标物体，还可以精确地对每个目标物体进行像素级的分割。它可以识别并分割图像中的多个实例，即使它们有重叠或遮挡的情况下也能够准确地分割出来。具体结构如图 2-33 所示。

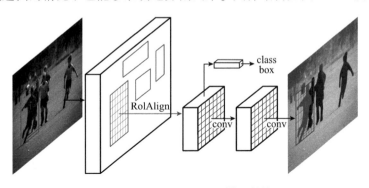

图 2-33　Mask R-CNN 模型结构

该模型的主要架构包括三个主要组件：共享卷积层，区域建议网络（RPN）和分割网络。首先，共享卷积层是卷积神经网络的一个部分，用于从输入图像中提取特征。它可以通过多层卷积和池化操作，将图像转换为更高级的、具有语义信息的特征图。接下来，区域建议网络负责生成候选目标边界框。它会在特征图上滑动窗口，并根据窗口内的内容和位置信息，预测物体边界框的概率和坐标。RPN 使用锚框（anchor boxes）来代表可能存在的目标区域，并通过计算目标与锚框的重叠程度来评估它们的置信度。最后，分割网络负责对 ROI（Region of Interest）内的目标进行像素级的分割。它通过在 ROI 上应用全连接层，并使用卷积和反卷积等操作，生成目标的分割掩码。分割网络不仅可以区分目标与背景，还可以将目标的每个像素分类到不同的语义类别中。Mask R-CNN 模型的训练过程使用了多任务损失函数，包括目标分类损失、目标边界框损失和目标分割损失，来同时优化目标检测和分割任务。

Mask R-CNN 是在 Faster R-CNN 模型的基础上进行了扩展和改进，与 Faster R-CNN 有三点主要区别：

（1）在基础网络中采用了较为优秀的 ResNet-FPN 结构，多层特征图有利于多尺度物体及小物体的检测。原始的 FPN 会输出 P2、P3、P4 与 P5 四个阶段的特征图，但在 Mask R-CNN 中又增加了一个 P6。将 P5 进行最大值池化即可得到 P6，目的是获得更大感受野的特征，该阶段仅仅用在 RPN 网络中。

（2）提出了 RoI Align 方法来替代 RoI Pooling，原因是 RoI Pooling 的取整做法损失了一些精度，而这对于分割任务来说较为致命。Mask R-CNN 提出的 RoI Align 取消了取整操作，而是保留所有的浮点，然后通过双线性插值的方法获得多个采样点的值，再将多个采样点进行最大值的池化，即可得到该点最终的值。

（3）得到感兴趣区域的特征后，在原来分类与回归的基础上，增加了一个 Mask 分支来预测每一个像素的类别。具体实现时，采用了 FCN 的网络结构，利用卷积与反卷积构建端到端的网络，最后对每一个像素分类，实现了较好的分割效果。

3. YOLO

之前的物体检测方法 Faster R-CNN，首先需要产生大量可能包含待检测物体的先验框，然后用分类器判断每个先验框对应的边界框里是否包含待检测物体，以及物体所属类别的概率或者置信度，同时需要后处理修正边界框，最后基于一些准则过滤掉置信度不高和重叠度较高的边界框，进而得到检测结果。这种基于先产生候选区再检测的方法虽然有相对较高的检测准确率，但运行速度较慢。

YOLO 创造性地将物体检测任务直接当作回归问题（regression problem）来处理，将候选和检测两个阶段合二为一。具体如图 2-34 所示。

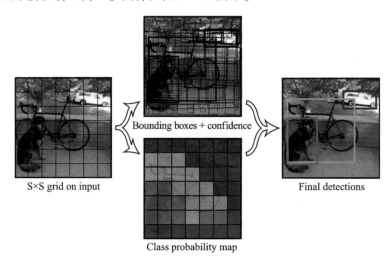

图 2-34　YOLO 模型检测框架

在 YOLO 中，将一幅图像分成 S×S 个网格（grid cell），如果某个目标（object）的中心落在这个网格中，则这个网格就负责预测这个目标。每个网格要预测 B 个 bounding box，每个 bounding box 除了要回归自身的位置之外，还要附带预测一个 confidence 值。这个 confidence 代表了所预测的 box 中含有 object 的置信度和这个 box 预测得有多准两重信息。每个网格要预测 B 个 bounding box，每个 bounding box 要预测 (x, y, w, h) 和 confidence 共 5 个值。每个网格还要预测一个类别信息，记为 C 个类。总的来说，$S×S$ 个网格，每个网格要预测 B 个 bounding box，还要预测 C 个类。网络输出就是一个 $S×S×(5×B+C)$ 的张量。下面介绍 YOLO 模型的网络结构，如图 2-35 所示。

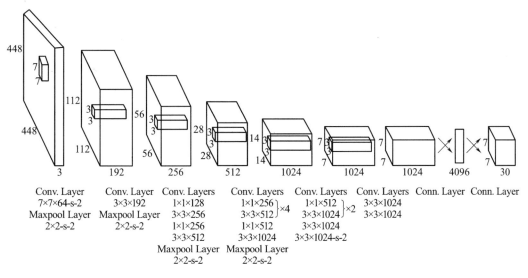

图 2-35 YOLO 模型结构

图 2-35 中网络首先输入一张 448×448 像素的 3 通道图片，通过若干个卷积层和最大池化层，用于提取图片的深层特征，最后通过两个全连接层预测图中的目标位置和类别概率值，输出 7×7×30 的预测结果。

4. SSD

SSD（Single Shot MultiBox Detector）是一种用于目标检测的深度学习模型，它可以同时检测图像中的多个目标。图 2-36 所示是 SSD 的一个框架图。

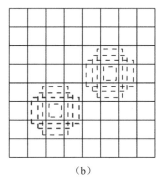
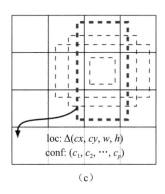

(a)	(b)	(c)

图 2-36 SSD 检测框架

(a) 图片真实标签；(b) 8×8 特征图；(c) 4×4 特征图

从图 2-36 中可以看出，SSD 获取目标位置和类别的方法跟 YOLO 一样，都是使用回归，但是 YOLO 预测某个位置使用的是全图的特征，SSD 预测某个位置使用的是这个位置周围的特征。SSD 模型的结构如图 2-37 所示。

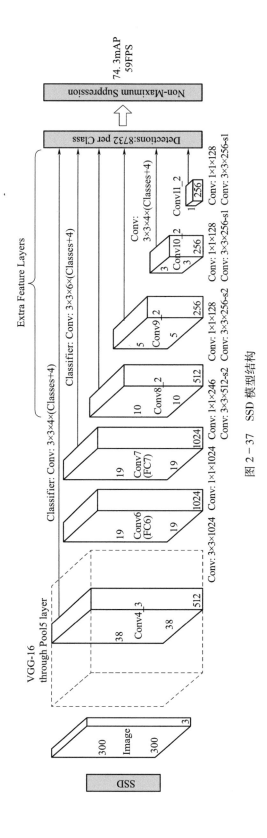

图 2-37 SSD 模型结构

其模型原理如下：

（1）特征提取：SSD 模型首先使用预训练的卷积神经网络（如 VGG、ResNet）作为基础网络，通过多个卷积层和池化层逐渐减小特征图的大小。这样做的目的是提取出图像中的高级语义信息。

（2）特征图处理：在特征提取阶段结束后，SSD 模型利用卷积层生成一系列不同分辨率的特征图。这些特征图具有不同感受野，可以检测不同尺度的目标。

（3）多尺度目标检测：SSD 模型通过每个特征图的每个位置处引入不同尺度的锚框。锚框是预定义的矩形框，用于表示可能出现的目标位置和尺度。对于每个锚框，SSD 模型通过回归（regression）任务预测其边界框的位置和大小调整，并使用分类任务预测框内是否存在目标及目标的类别。

（4）损失函数：SSD 模型使用多任务损失函数来训练网络。损失函数由两部分组成：位置误差（box regression loss）和类别误差（classification loss）。位置误差通过计算预测的边界框与真实边界框之间的差异来衡量。类别误差衡量预测框中目标类别的准确性。通过最小化损失函数，SSD 模型可以优化网络参数以提高检测性能。

（5）预测和后处理：在推理阶段，SSD 模型根据分类器的输出预测每个锚框的类别和置信度。为了筛选出最终的检测结果，模型通常会根据不同置信度设定一个阈值，滤除置信度较低的结果。此外，为了解决多个检测结果重叠的问题，SSD 模型还使用非极大值抑制（NMS）算法来合并相似的边界框，获得最终的目标检测结果。

5. YOLACT

YOLACT 模型是简单的、全卷积的实时实例分割模型，并且预测速度快，具体结构如图 2-38 所示。

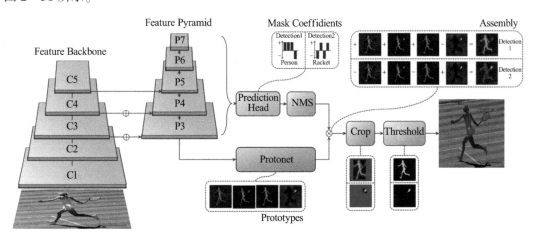

图 2-38　YOLACT 模型结构

该模型由 Backbone、FPN、Protonet 分支、Prediction Head 分支、Fast NMS、Crop & Threshold 组成。

1）Backbone

YOLACT 模型的 backbone 是 ResNet101，由 5 个卷积模块组成，即 C1~C5，采用了多尺度的特征图，从而可以检测到不同尺寸的物体，也就是在大的特征图上检测小的物体，在小的特征图上检测大的物体。

2）FPN

上图中的 P3~P7 是 FPN 网络，它是由 C5 经过 1 个卷积层得到 P5，然后对 P5 采用双线性插值使特征图扩大一倍，与经过卷积的 C4 相加得到 P4，再采用同样的方法即可得到 P3。再然后，对 P5 进行卷积和下采样得到 P6，对 P6 进行同样的卷积和下采样得到 P7，从而建立 FPN 网络。接下来是并行的操作。P3 被送入 Protonet，P3~P7 也被同时送到 Prediction Head 中。

3）Protonet 分支

Protonet 分支的网络结构如图 2-39 所示，它是由若干卷积层组成。其输入是 P3，其输出的 mask 维度是 $138 \times 138 \times k (k = 32)$，即 32 个 prototype mask，每个大小是 138×138。

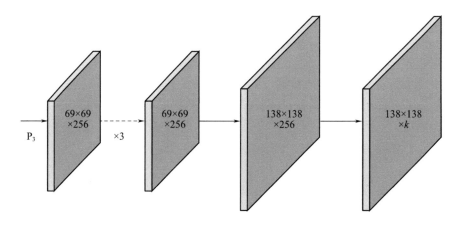

图 2-39　Protonet 分支结构

4）Prediction Head 分支

Prediction Head 分支的网络结构如图 2-39 所示，它是在 RetinaNet 的基础上改进得到的，采用共享卷积网络，从而可以提高速度，达到实时分割的目的。它的输入是 P3~P7 共五个特征图，每个特征图先生成 anchor，每个像素点生成 3 个 anchor，比例是 1∶1、1∶2 和 2∶1。五个特征图的 anchor 基本边长分别是 24、48、96、192 和 384。基本边长根据不同比例进行调整，确保 anchor 的面积相等。

5）Fast NMS

通过 Prediction Head 分支网络后会得到很多 anchor，可以在 anchor 的位置加上位置偏移得到 RoI 位置。由于 RoI 存在重叠，NMS 是常用的筛选算法，而该网络提出了一种新的筛选算法叫 Fast-NMS，在保证精度的前提下，减少了筛选的时间。

6）Crop & Threshold

将通过 Prediction Head 分支得到的 mask coefficient 和 Protonet 分支得到的 prototype mask 做矩阵乘法，就可以得到图像中每一个目标物体的 mask。Crop 指的是将边界外的 mask 清零，训练阶段的边界是 ground truth bounding box，评估阶段的边界是预测的 bounding box。Threshold 指的是以 0.5 为阈值对生成的 mask 进行图像二值化处理。

2.4.4 变化检测网络架构

1. STANet

Chen 等人提出了新型时空注意力神经网络 STANet，该网络在特征提取部分包含了针对变化检测自注意力模块和金字塔时空注意力模块，自注意力模块用于计算两个像素在不同时间和位置的注意力权重，并利用它们来生成更具判别力的特征，金字塔时空注意力模块将图像划分为多个尺度的子区域，并在每个子区域引入自注意力，从而应对各种大小的对象，具体如图 2-40 所示。

1）特征提取器

如图 2-40（b）所示，可以看出 STANet 的特征提取器基于 ResNet，并省略了 ResNet 的全局池化层和全连接层，CNN 的高级特征语义准确但位置粗糙，低级特征细节精细但缺乏语义信息。因此，STANet 将高级语义信息和低级空间信息融合起来，以产生更精细的表示。

2）基本时空注意力模块（Basic spatial-temporal attention module，BAM）

如图 2-40（c）所示，让一个查询（或键、值）表示查询（或键、值）张量中某个位置的向量，其中查询、键和值张量分别通过三个不同的卷积层从输入特征张量中获取，时空注意力模块的核心是学习注意力函数，该函数将一个查询向量和一组键值向量对映射到一个输出向量。输出向量由值向量加权和计算，其中分配给每个值向量的权重由查询和相应键的关联函数计算。通过自注意力模块，我们可以得到输出特征张量，其中每个位置都可以关注输入特征张量中的所有位置。

3）金字塔时空注意力模块（Pyramid spatial-temporal attention module，PAM）

如图 2-40（d）所示，受到 PSPNet 金字塔结构的启发，提出了一个 PAM，通过聚合多尺度的时空注意上下文模块来提高识别细节的能力。PAM 有四个分支，每一个分支都将特征张量等分成一定尺度的若干子区域。在每个分支中，PAM 对每个子区域的像素应用 BAM，得到该尺度下的局部注意表示。然后，通过聚合四个分支的输出张量，得到多尺度的注意力表示。

2. DTCDSCN

Liu 等人提出了一个双任务约束深度孪生卷积神经网络（Dual Task Constrained Deep Siamese Convolutional Network，DTCDSCN）。它由三个子网络构成：一个变化检测网络和两个语义分割网络，可以同时完成变化检测和语义分割，有助于学习更具判别性的对象级特征，获得完整的变化检测图，具体如图 2-41 所示。

该网络是基于孪生神经网络，包括一个变化检测网络和两个语义分割网络，整个网络的输出是一个变化检测图和一个分割结果图。其网络结构具有两个共享权重的编码器，以及一个解码器。采用 SE-ResNet 作为基础的编码器模块。为了利用全局上下文信息，引入了空间特征金字塔池化模块作为中心块，这样可以增大特征图的感受野，并嵌入不同尺度的上下文特征。解码器使用 D-LinkNet，其中每个变化检测块（CD block）都有三个输入。考虑到来自不同空间位置和不同通道的特征可能会相关，以及收到注意力机制的启发，在解码器部分加入了 DAM 注意力模块（图 2-41e），因此可以提高特征提取的辨别能力。

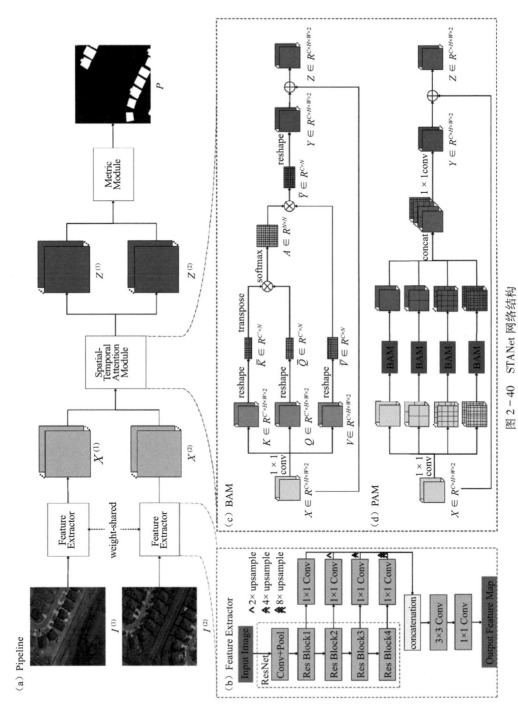

（a）STANet 流程；（b）特征提取器；（c）基本时空注意力模块（BAM）；（d）金字塔时空注意力模块（PAM）

图 2－40　STANet 网络结构

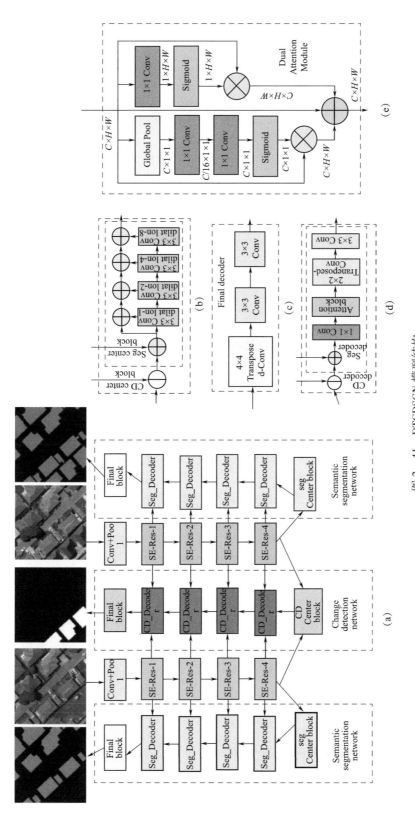

图 2-41　DTCDSCN 模型结构

（a）网络结构；（b）中心块的组成情况；（c）最终块的组成情况；（d）解码器块的组成情况；（e）双注意力模块的组成情况

3 ≫

遥感影像数据处理

遥感影像数据处理是整个遥感解译工作的基础，它涉及多种数据类型的处理，包括高分辨率光学卫星影像、高光谱卫星影像、合成孔径雷达（SAR）影像、无人机影像、气象卫星数据和陆地卫星数据。其中，高分辨率光学卫星影像能够提供更精细的地表特征，具有丰富的色彩信息，可以进行多时相分析，并在不同的光照和天气条件下获取高质量的影像。高光谱卫星影像虽然能够提供丰富的光谱信息，但其高数据量和需要专业知识进行分析的特点，可能会增加数据处理的复杂性和难度。同时，高光谱影像的空间分辨率相对较低，可能不足以捕捉小尺度地表特征。SAR 影像的分辨率通常不如光学影像，且受地形影响较大，可能会产生阴影和叠掩效应，这限制了它在某些精细解译工作中的应用。无人机影像虽然具有高时空分辨率和灵活性，但其覆盖范围有限，且受天气条件和飞行法规的限制，可能不适合大范围或连续的监测任务。气象卫星数据主要用于大气研究，对于地表特征的识别能力有限，且更新频率可能不足以满足实时监测的需求。陆地卫星数据虽然适用于大范围的地表监测，但其较低的空间分辨率和较长的重访周期可能限制了对快速变化地表特征的捕捉能力。高分辨率光学卫星影像具有精细的地表特征捕捉、丰富的色彩信息、多时相分析能力，以及在多变光照和天气条件下获取高质量影像的能力。因此，高分辨率光学卫星影像在南方复杂场景应用更为广泛和有效，是遥感监测的优选数据。

数据处理的质量和效率对场景应用效果具有决定性作用，它们确保了遥感影像在解译和分析中的准确性和可靠性。高质量的影像处理需满足以下要求：首先，影像校正应使影像无大面积噪声和条带，避免扭曲变形；其次，影像融合应使影像色彩自然、纹理清晰，无颗粒感、发虚和重影现象；最后，影像镶嵌要实现影像色彩过渡自然，地物接边合理，保证人工地物的完整性，避免重影和发虚现象，确保镶嵌线两侧和相邻影像色调的一致性。为了实现高精度的解译，数据本身需具备高分辨率和清晰的纹理，以便于细节的准确识别；数据的一致性要求多源数据在色调和色彩上保持协调，减少解译误差；数据的完整性要求影像覆盖全面，包含所有关键地物信息；数据的时效性则要求影像反映最新的地表状况，确保解译结果的现实意义和应用价值。

3.1 多源遥感影像数据

多源遥感影像数据是指利用不同遥感系统平台，通过光学相机、合成孔径雷达、数据处理与传输系统等有效载荷，对目标对象发射或反射的电磁波信息进行记录形成遥感数据，输出相应的遥感图像产品。按照遥感平台分为地面遥感、航空遥感和航天遥感。地面遥感的传感器设置在地面上，如：车载、手提、固定或活动高架平台。航空遥感的传感器设置在航空器上，如：飞机、气球等。航天遥感的传感器设置在航天器上，如：人造地球卫星、航天飞机等。按工作方式分为被动式遥感和主动式遥感。被动式遥感通过遥感传感器对被探测物体发射的电磁波特征进行感知，可见光、红外光、高光谱、微波辐射计是常用的被动遥感手段。主动式遥感技术通过遥感传感器发射电磁波到被探测物体表面，然后对物体的散射信号进行探测，常用的有合成孔径雷达、微波散射计等。不同的遥感技术在应用中各有特点，可见光、红外光、高光谱、微波遥感技术特点和对比如表 3－1 所示。

常用卫星遥感技术应用对比

表 3－1

遥感类型	波段（μm）	特点	应用场景
可见光	0.38～0.76	能够获取地表特定区域的高分辨率图像数据，"所见即所得"，但不能透过云、雨、烟雾	土地、森林、矿产、农业、水资源、生态环境等调查监测监管，精细化城市管理、规划、地形测绘等
红外光	0.76～1000	可全天时工作，大气穿透力强，但易受云、雨、雾等影响，识别伪装目标能力优越	火灾、活火山、火箭发射、弹道导弹超音速飞行器识别监测；中段导弹、宇宙低温星体等探测
高光谱	0.4～20	分辨率为波长的1/100，图谱合一，光谱波段多达上千个，可在某一光谱范围内连续成像，获取目标特征光谱	识别岩石类型、矿物组成和地质结构，监测作物生长状态、土壤特性和森林健康状况，监测水质、海岸线变化、水体污染等，监测大气成分和温室气体排放等
微波	1×10^3～1×10^6	具有全天候、全天时的观测能力，不受云、雨等天气条件的影响，具有大面积、多尺度、同步、快速、高频次、短周期、长期连续观测等优点	军事侦察，地质勘探，环境监测，地震、火山、滑坡、火灾、洪水灾害监测，土地资源、水资源、森林资源调查，农作物生长情况、产量预估等

3.1.1 国外高分辨率光学卫星

光学卫星技术作为地球观测的关键工具，不仅模拟人眼所见的彩色外观并加以科学解析，而且通过利用光波的反射特性，揭示地球表面的多种特征，包括云层分布、大气成分及地表状况。这种技术依赖于使用传感器捕获并记录从地球表面反射的太阳光（电磁辐射）信息，太阳光以光波的形式传播，并可按辐射谱分为三个主要区域：可见光区域、紫外线区域和红外线区域。到达地球物体表面的光波可以被吸收、传输或反射，而光学卫星则获取这些反射光的强度，记录特定波长的强度信息。这样的记录过程，使得光学影像能够表示物体的可见和彩色外观，类似于我们的眼睛所感知的。随着技术的不断进步，尤其是多光谱和高光谱成像技术的发展，光学卫星影像在识别地球表面的特定物体或材料方面变得更加强大。对于周期性的监测而言，卫星的时间分辨率和空间分辨率是两个最重要的指标。时间分辨率通常是指回归周期，也就是正常情况下的两次覆盖相同范围的间隔时间。时间分辨率越低，意味着在同一位置收集另一张影像的等待时间越长。空间分辨率是遥感影像一个像素对应地面上覆盖的区域，即遥感影像上能够详细区分的最小单元的尺寸或大小，是用来表征影像分辨地面目标细节的指标，决定其对地面目标的图像解译能力。分辨率数值越大清晰度越低，相反分辨率数值越小清晰度越高。

目前，对地观测卫星已进入高分辨率时代，高分辨率指的是高空间、光谱和时间分辨率，它通常能够以优于 5m 的分辨率提供丰富的地面和细节信息。高分辨率卫星凭借其"高分辨率成像"和"所见即所得"的能力，为地球观测、自然资源管理、环境监测等领域带来更为精准和全面的数据支持，在调查地球大气、海洋、陆地、地表水以及气候、能源、农业环境、生态、灾害、公共安全等监测方面具有巨大潜力。

世界各国都在积极推动高分辨率对地观测系统的发展。美国拥有连续陆地观测长达 50 年的 Landsat 系列、世界上第一颗高分辨率商业遥感卫星 IKONOS、世界首颗亚米级分辨率商业卫星 QuickBird 等以及分辨率已达 0.31m 的 WorldView-3/4 卫星，代表了当前民用遥感卫星最高水平。此外，美国还通过小型卫星星座，如 PlanetScope、RapidEye、SkySat 等，实现了极高的时间和空间分辨率。欧洲的光学遥感卫星主要以法国的 SPOT 系列、Pleiades 系列和俄罗斯的 Resurs（资源）系列为代表，这些卫星能够提供 0.5m 以下分辨率影像，同时实现了较高的重访率，能够在 24h 内完成两次重访，实现准实时监测地球动态的应用。亚洲国家的光学遥感卫星技术水平也已具备相当的国际竞争力，日本宇宙航空研究开发机构研制的 ALOS 三线阵陆地观测卫星、印度发射的 Cartosat 制图卫星、韩国的 KOMPSAT 卫星全色分辨率也达到了亚米级（表 3-2）。

国外主要高分辨率光学卫星   表 3-2

卫星名	国家	发射日期	幅宽（km）	空间分辨率（m）		重访周期（天）
				全色	多光谱	
RapidEye	德国	2008 年 8 月	77	5		1
PlanetScope	美国	2014—2017 年	20～24.6	3～4		—
SkySat	美国	2013—2017 年	8	0.8	1	2
GeoEye-1	美国	2008 年 9 月	15.2	0.41	1.64	2～3
QuickBird	美国	2001 年 10 月 18 日	16.8	0.61	2.44	3
IKONOS	美国	1999 年	11	1	4	1.5～3
WorldView-1	美国	2007 年	16	0.45		1.7
WorldView-2	美国	2009 年	16.4	0.46	1.8	1.1/3.7
WorldView-3	美国	2014 年	13.1	0.31	1.24	1
WorldView-4	美国	2016 年	13.1	0.31	1.24	1
SPOT-5	法国	2002 年	60	2.5	10	26
SPOT-6	法国	2012 年	60	1.5	6	1
SPOT-7	法国	2014 年	60	1.5	6	1
Pleiades-1A	法国	2011 年 12 月	20	0.5	2	1
Pleiades-1B	法国	2012 年 12 月	20	0.5	2	1
Pleiades-3	法国	2021 年 4 月	19.68	0.3	1.2	1
Pleiades-4	法国	2021 年 8 月	14	0.3	1.2	1
KOMPSAT-2	韩国	2006 年 7 月 28 日	15	1	4	—
KOMPSAT-3	韩国	2012 年 12 月	15	0.7	2.8	—
NextView-1	加拿大	2019 年	—	0.3	1.25	—

3.1.2　国内高分辨率光学卫星

我国对地观测遥感卫星平台及空间遥感技术经过 40 多年的发展取得了巨大的进步，在国家高分辨率对地观测系统重大专项、国家民用空间基础设施规划、民用航天研究、"一带一路"空间信息走廊等发展规划和重大工程的推动下，实现了一系列卫星遥感关键技术突破，使中国高分辨率遥感卫星性能实现跨越式提升，民用遥感卫星分辨率提升至亚米级，传感器数量及类型、空间分辨率和重访周期均处于国际先进水平，部分达到世界领先水平。据《中国地理信息产业发展报告（2024 年）》，截止到 2023 年底，我国在轨的民用遥感卫星达 443 颗，商业遥感卫星在轨已超过 323 颗，居世界第二位，具备了全球全要素、全覆盖、全天候、全天时、全尺度的卫星遥感数据获取和调查监测能力，自主卫星替代率达到 92%。高分系列、资源系列、环境系列、测绘系列卫星观测体系持续创新突破，北京系列、高景系列、吉林系列、珠海系列、珞珈系列小卫星和商业遥感卫星体系化运行能力不断提升。

高分系列卫星是"高分专项"所规划的高分辨率对地观测系列卫星，是《国家中长期科学和技术发展规划纲要（2006—2020 年）》所确定的 16 个重大专项之一，旨在建立一个具有高时间、高空间、高光谱分辨率且自主可控的卫星系列，最高空间分辨率优于 1m。该专项工程自 2010 年启动以来，已经发射了多颗光学卫星和雷达卫星，不断推动着高分辨率对地观测领域的科技创新和应用发展。高分系列卫星的主要任务是实现时空协调、全天时、全天候和全球覆盖的地球观测，可满足防灾、国家安全、土地和水资源、生态环境、精细化城市管理、地形测绘等关键领域的多种需求。2020 年是中国的 GF 项目的最后一年，从 2006 年起共成功发射了 12 颗民用光学卫星，包括 GF-1、GF-2 和 GF-7，实现了强大的对地观测能力。以高分辨率卫星为主导的 CHEOS 已经建成，不仅实现了高分辨率影像的充分供应，而且保证了卫星和影像数据的自主性。通过国家高分辨率对地观测系统重大专项工程的建设，中国对地观测遥感空间分辨率达到亚米级，时间分辨率可实现每天多次重访，光谱分辨率达到纳米级，高分辨率卫星研制水平跻身世界先进行列。

资源系列卫星是专门用于探测和研究地球资源的卫星，可分陆地资源卫星和海洋资源卫星。我国已陆续发射了资源一号、资源二号和资源三号卫星。资源一号是我国第一代传输型地球资源卫星，由中巴地球资源卫星 01 星、02 星、02B 星（均已退役）、02C 星和 04 星五颗卫星组成。资源一号 01/02 星是由中国和巴西联合研制的传输型资源遥感卫星，也被称为 CBERS（China-Brazil Earth Resources Satellite）卫星，携带了多种有效载荷［CCD 相机、宽视场成像仪（WFI）、红外多光谱扫描仪（IRMSS）］，重访周期在数天到数十天之间，广泛应用于自然资源调查、环境监测、城市规划、农业生产、灾害监测等领域，为中国和巴西等国的经济社会发展提供了重要的数据支持。资源一号 02B 星（CBERS-02B）是具有高、中、低三种空间分辨率的对地观测卫星，搭载的 2.36m 分辨率的 HR 相机改变了国外高分辨率卫星数据长期垄断国内市场的局面，重访周期为 3 天。资源一号 02C 星（ZY-1 02C）于 2011 年 12 月 22 日成功发射，它搭载有 10m 分辨率 P/MS 多光谱相机和两台 2.36m 分辨率 HR 相机，数据的幅宽最高可达 54km，从而大幅提高了数据覆盖能力，大大缩短重访周期。资源一号 04 星共搭载 4 台相机，其中 5m/10m 空间分辨率的全色多光谱相机（PAN）和 40m/80m 空间分辨率的红外多光谱扫描仪（IRS）

由中方研制。20m 空间分辨率的多光谱相机（MUX）和 73m 空间分辨率的宽视场成像仪由巴方研制。资源三号（ZY-3）卫星是中国第一颗自主的民用高分辨率立体测绘卫星，搭载了四台光学相机，包括一台地面分辨率 2.1m 的正视全色 TDI CCD 相机、两台地面分辨率 3.5m 的前视和后视全色 TDI CCD 相机、一台地面分辨率 5.8m 的正视多光谱相机，可对地球南北纬 84°以内地区实现无缝影像覆盖。与资源三号 01 号卫星相比，资源三号 02 星在技术上提高了立体影像的分辨率并升级了星载软件系统。ZY3-02 与 ZY3-01 组网运行，使同一地点的重访周期由 5 天缩短至 3 天之内，大幅提高我国 1∶5 万立体测图信息源的获取能力。可实现重点城市地理信息 3 个月更新一次，全国一年更新一次的任务要求。

北京系列遥感卫星由二十一世纪空间技术应用股份有限公司（简称"世纪空间"）自主运控，经过近 20 年建设，目前已发展至第三代，卫星可提供高精度平面及立体遥感大数据产品。2005 年成功发射的北京一号遥感小卫星是我国科技体制和研发机制创新的重大科技成果，也是首个由国家"十五"科技攻关和"863"计划联合支持按企业机制实施的遥感小卫星项目，成功探索了我国由政府支持、企业运行、商业服务的民用航天产业化发展的全新机制，为遥感卫星商业化运作探索出了一条成熟的模式。北京二号卫星星座包括 4 颗 0.8m 全色、3.2m 多光谱分辨率的光学遥感卫星，具有高空间分辨率、高时间分辨率和高辐射分辨率的特点，2015 年成功发射，多年来为自然资源部、生态环境部等 10 个国家部委用户提供了可持续运行、安全稳定、产品可靠的民用空间基础设施数据服务，推动了我国航天领域体制机制的创新。北京系列三代卫星目前在轨 4 颗，其中北京三号卫星 A/B 星是基于我国新一代卫星平台自主研发的高分辨率遥感智能卫星，卫星数据获取能力和影像质量达到国内领先、国际先进水平。

吉林一号卫星由长光卫星技术有限公司研制，吉林一号是中国第一套自主研发的商用遥感卫星星座。2015 年 10 月 7 日，吉林一号卫星一箭 4 星在酒泉卫星发射中心成功发射，包括 1 颗光学遥感卫星、2 颗视频卫星和 1 颗技术验证卫星，工作轨道均为高约 650km 的太阳同步轨道，其中，吉林一号光学 A 星是中国首颗自主研发的高分辨率对地观测光学成像卫星，具备常规推扫、大角度侧摆、同轨立体多条带拼接等多种成像模式。2023 年 6 月 15 日，吉林一号高分 06A 系列卫星、吉林一号高分 03D19 星、吉林一号平台 02A01-02 星等 41 颗卫星发射，吉林一号实现 108 颗卫星组网，每天可以对全球任意地点实现 35~37 次重访，是目前世界上最大的亚米级商业遥感卫星星座，具备全球一年覆盖 3 次、全国一年覆盖 9 次的能力，在自然资源调查监测、城市规划、农业监测、环境保护、防灾减灾、公共应急等领域具有广泛的应用前景。

高景一号卫星（SuperView）由东方红卫星有限公司研制，是中国自主研制的商业高分辨率遥感卫星，具有专业级的图像质量、高敏捷的机动性能、丰富的成像模式和高集成的电子系统等技术特点。高景一号卫星总共包含四颗星，01/02 卫星于 2016 年 12 月 28 日在太原卫星发射中心以一箭双星的方式成功发射。高景一号 01/02 卫星全色分辨率 0.5m，多光谱分辨率 2m，轨道高度 530km，幅宽 12km。2018 年 1 月 9 日，高景一号 03/04 星在太原卫星发射基地发射成功，与同轨道的高景一号 01/02 星组网运行，成为我国首个具备高敏捷、多模式成像能力的商业卫星星座，四颗 0.5m 高分辨率光学遥感卫星可实现每轨 10min 成像并快速下传，每天可采集 300 万 km² 影像，采集效率更高，具备全球范围内任意目标一天内重访的能力（表3-3）。

国内主要高分辨率光学卫星 表3-3

卫星系列	卫星名	发射日期	幅宽（km）	空间分辨率（m）		重访周期（天）
				全色	多光谱	
高分系列	GF1	2013年4月26日	60	2	8	4
	GF1B/C/D	2018年3月31日	60	2	8	4
	GF2	2014年8月19日	45	0.8	3.2	5
	GF6	2018年6月2日	90	2	8	4
	GF7	2019年11月3日	20	后视：0.65，前视：0.8	后视2.6	
资源系列	ZY1-02C	2011年12月22日	60	5	10	3
	ZY3-01	2012年1月9日	50	正视：2.1	正视：5.8	5
				前后视22°：3.5		
	ZY3-02	2016年5月30日	50	正视：2.1	正视：5.8	5
				前后视22°：2.5		
	ZY3-03	2020年7月25日	50	正视：2.1	正视：5.8	5
				前后视22°：2.5		
北京系列	BJ2	2015年7月11日	24	0.8	3.2	1
	BJ3A1	2021年6月11日	23.5	0.5	2	3～5
	BJ3N	2021年4月29日	14	0.3	1.2	3～5
吉林系列	JL1光学A星	2015年10月7日	11.6	0.72	2.88	3
	JL1高分02星	2019年11月13日	40	0.75	3	—
	JL1高分03星	2020年9月15日	17	0.75	3	—
	JL1高分04星	2023年9月21日	15	0.5	0.5	—
	JL1高分06星	2023年6月15日	18	0.75	3	—
高景系列	SV-1	2016年12月28日	12	0.5	2	1

3.2　遥感影像处理方法

　　传统的遥感影像处理方法通常依赖经典算法和模型，虽然适用于大部分场景，但南方地区由于其特殊的地理环境和气候条件，如多山地形、云雾多、植被覆盖丰富等，对处理复杂任务时存在不足，如光谱失真、混叠效应以及对人工操作的依赖。随着人工智能技术的快速发展，深度学习被引入到遥感影像校正、融合和去云镶嵌等影像处理关键步骤中，有效提升了自动化程度和处理速度。

　　在影像校正方面，由于无法每张遥感影像都获取高精度的严格物理模型参数，深度学习技术采用高精度的影像底图对待校正的影像进行精确配准，从而获得更加精确的仿射变换参数。相较于使用卫星提供的RPC参数，求解得出的仿射变换参数在RPC模型的求解中，可以显著提高遥感影像的几何校正精度，使得处理后的影像更加符合实际地理位置，从而提高了影像的地理参考准确性，为后续的影像镶嵌做好准备。在影像融合过程中，深度学习也发挥了重要作用。传统方法在全色图像和多光谱图像的融合中，往往面临光谱不匹配的问题，导致局部区域出现光谱失真和混叠效应。而深度学习技术通过学习图像的多层次特征，能够有效解决这些问题，从而提高影像融合后的图像质量和鲁棒性，使得融合后的影像在光谱和空间信息上更加一致。影像镶嵌是遥感影像处理中的另一个重要环节，特别是在需要处理大范围区域时，镶嵌技术的效果直接影响到最终的影像产品质量。传统方法难以处理影像中的云层、阴影等干扰因素，而深度学习通过图斑检测技术，能够准确识别并去除，从而进行镶嵌生成"无云一张图"（图3-1）。

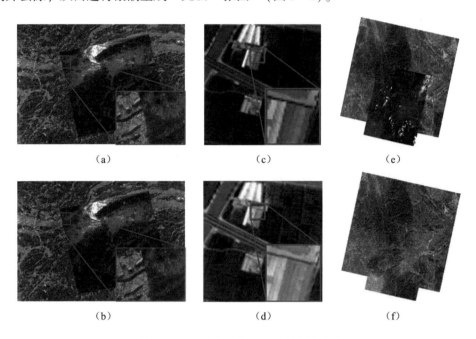

图3-1 传统方法与深度学习方法对比
（a）传统校正结果；（b）深度学习校正结果；（c）传统方法融合结果；（d）深度学习方法融合结果；
（e）待镶嵌含云影像；（f）去云镶嵌结果

3.2.1 遥感影像传统处理方法

接收到的卫星遥感图像数据在进行分析之前，需经过一系列预处理步骤，以确保数据的准确性和可用性。这些步骤通常包括影像校正处理、影像融合处理以及影像镶嵌处理等关键环节。影像校正处理用于消除图像中的几何畸变，确保图像的空间精度；影像融合处理则是将不同传感器或不同时间获取的影像数据进行合成，以提高图像的空间分辨率或光谱信息；影像镶嵌处理则是将多个相邻影像无缝拼接在一起，形成连续的覆盖区域，具体如图3-2所示。

首先，需要进行影像几何校正，以消除由大气、地形和传感器等因素引起的畸变。这确保了影像具有准确的地理位置和形状。其次，通过影像融合，将来自不同传感器或波段的影像融合在一起，以获得更丰富、更准确的信息。最后，通过影像镶嵌，将多个影像拼接在一起，以覆盖更大的地理区域或时间范围，并确保拼接后的影像无缝连接、保持一致性。

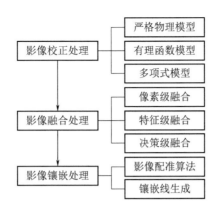

图 3-2　遥感影像传统处理流程

经过这些处理步骤，卫星遥感数字影像就可以被广泛应用于自然资源、生态环境、农业、水利、交通、电力等各个领域。影像处理技术的不断发展和应用推动着卫星遥感影像数据处理技术的进步，最大程度地发挥其在社会应用中的独特价值。

1. 传统影像校正处理

影像校正处理就是根据校正模型对原始遥感影像进行校正处理，消除影像成像过程中的多种误差，提高影像的几何质量，具有高精度地理坐标的遥感影像像元，可以确定影像区域的实地位置。

1）严格物理模型

严格的物理模型被用来描述地面点和相应像点之间的真实成像联系，模型结合了卫星传感器的位置、姿态以及内部相机的安装关系等参数来构建成像几何模型。卫星影像的定位精度受到严格的物理成像模型参数准确性的影响。通过使用少量地面控制点，可以重新确定严格成像模型的内外参数。这样做有助于校正卫星成像过程中的各种误差，包括相机内部误差、相机、星敏感器和陀螺等姿态测量装置的安装矩阵和位置偏差、GPS 接收机定位偏差以及时间同步误差等。通过对这些参数进行校正，可以提高卫星影像的定位精度，从而更准确地反映地表特征和变化。

在利用严格物理成像模型进行几何校正时，对卫星的成像过程和参数需要有所了解。早期的严格成像模型受到 GPS 定位精度和对地观测姿态等参数精度较低的影响，导致严格物理模型的严密性存在问题，校正后的影像精度较低。然而，当前的遥感卫星可以接收高轨道 GPS 卫星信号，并经过处理和内插，定位精度可达到厘米级甚至更高。卫星通过星敏感器和陀螺联合获取姿态信息，增强了姿态信息的可靠性和稳定性。共线方程或其转换形式可用于准确描述地面点和像点之间的关系，严格的物理模型可以利用这些模型来校正卫星成像过程中的误差。建立严格的物理模型需要已知卫星相机等传感器的安装关系，以及高精度的卫星相机曝光位置和卫星姿态角等参数。通过这些信息，可以更准确地校正卫星影像，提高其精度和可用性。

2）有理函数模型

建立严格成像模型需要获取卫星的内部构造方式、具体成像方式以及轨道姿态参数等信息。然而，这些信息通常被卫星发射和影像提供商视为保密数据，因此普通用户无法直接获取这些信息来建立严格成像模型。为了保密卫星成像参数和卫星构造关系等信息，卫星影像供应商通常采用有理函数模型（Rational Polynomial Coefficient，RPC）对严格成像模型进行模拟替代。有理函数模型是将地面点大地坐标与其对应的像点坐标用比值多项式关联起来，从而描述物方和像方几何关系的数学模型。

与常用的多项式模型或者严格物理模型比较，有理函数模型实际上是一种更广义、更完善的传感器模型表达方式，是对多项式、仿射变换、直接线性变换以及共线条件方程等模型的进一步概括，它不需要了解传感器的实际构造和成像过程，适用于不同类型的传感器；同时有理函数系数 RFCs（Rational Function Coefficients）可以有效地实现传感器成像参数的隐藏，近年来已在美国军方广泛应用，美国国家测绘局 NIMA（National Imagery and Mapping Agency）已将其定为影像交换格式之一。有理函数模型将地面点大地坐标 (X,Y,Z) 与其对应的像点坐标 (r,c) 用比值多项式关联起来，计算公式如下：

$$\begin{cases} r_n = \dfrac{p_1(x_n,y_n,z_n)}{p_2(x_n,y_n,z_n)} \\ c_n = \dfrac{p_3(x_n,y_n,z_n)}{p_4(x_n,y_n,z_n)} \end{cases} \tag{3-1}$$

式中，$p_i(x_n,y_n,z_n)(i=1,2,3,4)$ 为多项式，最高不超过 3 次，形式如下（以 1 为例）：

$$\begin{aligned} p_1(X,Y,Z) = & a_0 + a_1 Z + a_2 Y + a_3 X + a_4 ZY + a_5 ZY + a_6 ZY + \\ & a_7 Z^2 + a_8 Y^2 + a_9 X^2 + a_{10} ZYX + a_{11} Z^2 Y + a_{12} Z^2 X + \\ & a_{13} Y^2 Z + a_{14} Y^2 X + a_{15} ZX^2 + a_{16} YX^2 + a_{17} Z^3 + a_{18} Y^3 + a_{19} X^3 \end{aligned} \tag{3-2}$$

式中，系数 $a_i(i=0,1,2,\cdots,19)$ 统称为有理函数系数 RFCs。为了增强参数求解过程中的稳定性，减少计算过程中数据数量级差别过大引入的四舍五入误差，一般将地面坐标和影像坐标进行平移和缩放，使参数归一化到 -1.0 到 +1.0 之间。相关研究表明，在有理函数模型中：一阶项表示光学投影系统产生的误差；二阶项表示地球曲率、大气折射和镜头畸变等产生的误差；三阶项可以模拟其他一些未知的具有高阶分量的误差，例如相机振动等。这种分类有助于理解各项系数在模型中的物理意义，以及它们对影像几何校正的影响。

3）多项式模型

对于无法获取严格物理模型所需必要参数或无法建立 RPC 有理函数关系的影像，可以采用多项式模型进行几何校正。多项式模型是一种通过多项式来表达校正前后影像相应点之间的坐标关系的方法。通常，多项式模型避免了考虑成像时的空间几何过程，而是直接对影像本身的变形进行数学模拟。多项式模型将遥感影像所有的几何误差来源及变形整体视作仿射、弯曲、扭曲、平移、缩放、旋转以及更高次基本变形的综合效果。在遥感影像校正中，一般多项式模型是常用的，因为其原理简单、计算速度快。尤其是在处理地面相对平坦的情况下，其精度通常能够满足实际需求。多项式模型的优势在于其简单性和计算速度，使其成为处理遥感影像几何校正的常用方法之一。虽然在某些情况下可能无法达到严格几何校正的精度，但在许多实际应用中，多项式模型已经被证明是一种有效的校正方法。

$$\begin{cases} x = a_0 + (a_1 X + a_2 Y) + (a_3 X^2 + a_4 XY + a_5 Y^2) + \cdots \\ y = b_0 + (b_1 X + b_2 Y) + (b_3 X^2 + b_4 XY + b_5 Y^2) + \cdots \end{cases} \tag{3-3}$$

式中，(x,y) 为像点的像平面坐标；(X,Y) 为其对应地面点的大地坐标；a_i、b_i 为多项式的系数，又是待定系数。多项式模型系数个数 N 和阶数 n 关系如下：

$$N = \frac{(n+1)(n+2)}{2} \tag{3-4}$$

2. 传统影像融合处理

影像融合是将来自不同传感器或不同波段的影像融合成一个单一的影像，以获取更丰富、更准确的信息。传统遥感影像融合技术可以概括为如下三个层次，由低到高划分为：像素级（Pixel Level）、特征级（Feature Level）和决策级（Strategy Level）。

1）像素级遥感影像融合

多个源传感器获取同一目标的影像后，首先进行影像的初始预处理。随后，采用相应算法对像素进行变换，生成新的像素。通过融合新生成的像素和已有的像素，形成新的影像，这一技术被称为像素级融合。像素级融合涉及将多源遥感图像进行配准，然后利用数值插值算法将多个图像中的数据融合到单幅图像中。融合后的图像具有分辨率提高或重要特征提升的效果。

像素级融合方法很多，常见的方法有：IHS 方法、Brovey 融合方法、小波变换法、Gram–schmidt 变换法等。

（1）IHS 方法

IHS 融合方法是一种实现简单且应用广泛的图像融合方法。在 1982 年，Haydn 首次使用 IHS 融合方法来合并 Landsat MSS 数据和反束光导摄像管数据。该方法首先从多光谱图像中选择适当的波段作为 RGB（红绿蓝）三个通道的数据，生成 RGB 彩色图像。然后，将彩色图像变换到 IHS 空间。变换公式如下：

$$I = \frac{(R+G+B)}{\sqrt{3}}$$

$$H = \tan^{-1}\left[\frac{R-B+R-G}{\sqrt{3}(G-B)}\right] \tag{3-5}$$

$$S = \frac{\sqrt{6}}{3}\sqrt{(R-G)^2 + (R-B)(R-G)}$$

式中，I 分量代表图像的强度或亮度。首先对 I 分量和高分辨率全色波段都进行小波变换。接着，根据一定的变换系数取舍原则，通常是用高分辨率全色波段的高频系数替换 I 分量的高频系数。然后进行反变换，生成新的亮度分量 I'。将新的亮度分量 I' 代替原来的 I，然后执行 IHS 逆变换，得到融合后的图像。通过像素级图像融合，可以提高多光谱图像的空间分辨率。IHS 方法实现简单，执行速度快，具有较高的实用价值。

（2）Brovey 融合方法

Brovey 融合方法是常用的多光谱与全色影像融合技术之一，旨在将多光谱影像的颜色信息与全色影像的空间分辨率结合起来，产生高分辨率且保留多光谱信息的彩色图像。该方法的基本思想是通过对多光谱影像进行线性变换，使其与全色影像具有相同的统计特性，然后将全色影像的灰度信息与变换后的多光谱影像进行加权合成，得到融合后的彩色影像。Brovey 融合变换公式如下：

$$R_{new} = R/(R+G+B)I$$
$$G_{new} = G/(R+G+B)I \qquad\qquad (3-6)$$
$$B_{new} = B/(R+G+B)I$$

式中，R、G、B 是多光谱影像的三个波段，I 是高空间分辨率影像。Brovey 融合方法简单高效，常用于提高多光谱影像的空间分辨率，同时保留其颜色信息。然而，由于是基于线性变换的方法，可能会引入一定程度的伪彩色。因此，在实际应用中需要根据具体需求进行适当调整和优化。

（3）小波变换法

小波变换法是一种常用的图像融合方法，用于将不同分辨率或不同频率的图像信息进行融合。其基本思想是利用小波分析的多尺度性质，将图像分解为不同尺度和频率的小波系数，然后根据一定的规则将这些系数进行组合，最终得到融合后的图像。

小波变换法的主要步骤如下：

①小波分解：首先对待融合的多光谱和全色影像进行小波分解，将其分解为不同尺度和频率的小波系数。通常使用离散小波变换（DWT）进行分解。

②系数融合：在小波分解的基础上，根据一定的融合规则，将多光谱和全色影像的对应小波系数进行融合。常用的融合规则包括基于像素值的加权平均、基于能量的选择等。

③逆小波变换：将融合后的小波系数进行逆变换，得到融合后的图像。通常使用离散小波逆变换（IDWT）来实现逆变换。

小波变换法的优点包括能够同时考虑图像的空间信息和频域信息，从而实现更加精细的图像融合。此外，小波变换法还可以灵活地选择不同的小波基函数，以适应不同类型的图像融合任务。

（4）Gram-Schmidt 融合（Gram-Schmidt Spectral Sharpening）

Gram-Schmidt 融合是一种基于正交化的图像融合方法，属于线性代数和多元统计中常用的多维线性正交变换，在任意可内积空间，任一组相互独立的向量都可通过 GS 变换找到该向量的一组正交基。将多光谱和全色影像融合，以产生高质量的高分辨率彩色图像。该方法的基本原理源自于线性代数中的 Gram-Schmidt 正交化过程，通过将全色影像的信息融合到多光谱影像中，实现对多光谱影像的空间分辨率增强。

Gram-Schmidt 融合的主要步骤如下：

①正交化：首先，将全色影像视为一个正交基，并将多光谱影像投影到该基上。使用 Gram-Schmidt 正交化方法，将全色影像的像素视为正交基向量，然后将多光谱影像中的每个像素投影到这些基向量上，得到一组正交化的多光谱影像。

②融合：在正交化的基础上，通过对多光谱影像的每个像素进行加权融合，将全色影像的高分辨率信息融合到多光谱影像中。通常采用像素级加权融合的方式，根据全色影像与多光谱影像的空间位置关系和像素灰度值等因素进行权重计算。

③逆变换：将融合后的多光谱影像进行逆变换，得到融合后的高分辨率彩色图像。在逆变换过程中，可以根据需要对图像进行进一步的后处理，以提高图像质量和视觉效果。

Gram-Schmidt 融合方法能够充分利用全色影像的高空间分辨率信息，同时保留多光谱影像的颜色信息，从而产生具有更高质量的彩色图像。这种方法简单易行，通常用于处理多光谱和全色影像融合的应用场景中。

2）特征级遥感影像融合

与传统的像素级融合方法不同，特征级融合将影像视为包含丰富特征信息的数据源，通过分析和提取这些特征信息，并结合合适的融合策略，实现对影像的融合。特征级遥感影像融合是一种将来自不同传感器或不同波段的遥感影像数据进行融合的方法，其重点在于利用影像的特征信息（如纹理、形状、光谱等）来实现融合，以获得比单一传感器或波段更丰富、更准确的信息。通过特征级融合，可以实现对地物的更好识别、分类和定量分析，提高遥感影像在各种应用领域中的应用价值和效果。

特征级遥感影像融合是分别提取待融合图像的特征，对同一位置在不同图像上获得的特征进行融合，融合后得到该位置对应地物的较为全面的特征信息。通过归纳这些特征矢量，可以得到同类地物的数学模型，为后续的分类识别应用奠定基础。常用的特征级遥感影像融合方法有：主成分分析法，高通滤波法，小波变换法等。

（1）主成分分析（Principal Component Analysis）法也称 PCA 变换，是建立在 Hotelling 变换基础上的统计变换，能够对多种特征信息进行压缩，是一种自适应信息融合。

（2）高通滤波（HPF）法影像融合就是用高通滤波器算子提取高分辨率遥感影像的细节信息，然后采用像元叠加的方法，将提取的高分辨率遥感影像细节信息叠加到低分辨率多光谱影像上，实现全色高分辨率影像与低分辨率多光谱影像的数据融合。

（3）小波变换法：在特征级融合中，小波变换通常用于提取影像的特征信息，并将不同传感器或不同波段的影像数据转换到同一特征空间中。主要利用小波变换的分解和重构性质，将原始影像数据分解为不同尺度和方向的小波系数，然后利用这些系数进行特征提取和融合。

特征级融合方法相比较像素级融合方法并不需要过于精确的配准，因此对于源图像的质量要求没有那么高，但是特征级融合方法所获得的融合结果往往没有像素级融合方法获得的结果效果精细。

3）决策级遥感影像融合

决策级图像融合基于图像理解，即在特征提取和特征识别处理之后。它根据某些标准和每个决策的可信度作出最佳决策。决策级融合属于一种高层次的融合，其根据固定的决策目标，有针对性地利用每个图像的初始决策。

它融合了每个数据源的决策结果，以获得更准确的分辨率和对感知对象或环境的更高级别描述。

典型的方法包括自适应加权融合方法、证据理论方法、模糊逻辑方法等。

（1）自适应加权融合方法：自适应加权融合方法根据数据的分布和特征的贡献程度来自动调整权重，以最大程度地利用每个特征的信息，是一种常用的特征级遥感影像融合方法。根据不同特征或不同数据源的可靠性和重要性自动调整权重，以产生更准确和稳健的融合结果。该方法根据每个特征的表现情况动态调整权重，使得更可靠的特征具有更高的权重，从而提高融合结果的质量，自适应加权融合方法的优势在于能够充分利用各个特征的信息，提高融合结果的准确性和稳健性。自适应加权融合方法不需要人工设定权重，而是根据数据和特征的实际情况动态调整权重，具有较高的灵活性和适应性，因此更适用于复杂的遥感影像融合任务。

（2）证据理论方法：证据理论方法在特征级遥感影像融合中的应用是将不同特征提

取方法得到的特征信息视为不同的证据，然后利用证据理论将这些特征信息进行融合，以产生更可靠、更全面的特征描述结果。在特征级遥感影像融合中，可以从不同的传感器或不同的波段中提取多种特征，例如纹理特征、形状特征、光谱特征等。每种特征都可以被视为一种证据，其在描述地物或景象时的可信度可以根据特征提取算法的准确性、稳定性等因素进行评估。

通过证据理论，我们可以将根据不同特征提取得到的特征信息进行融合，考虑到每种特征的可信度，以及它们之间的相关性。通过融合得到的特征描述结果可以更全面地反映地物的特征，有助于提高特征级遥感影像融合的质量和效果。

（3）模糊逻辑方法：模糊逻辑是一种处理不确定性和模糊性信息的数学工具，它可以有效地处理模糊的、不精确的信息，并进行合理的推理和决策。在决策级遥感影像融合中，不同传感器、不同波段或不同时间的遥感数据可能会产生模糊的、不确定的决策信息。模糊逻辑可以帮助将这些模糊的决策信息进行融合，以产生更准确、更可信的最终决策结果。模糊逻辑法的基本思想是将模糊的概念和模糊的规则转化为数学上的形式，然后利用模糊推理方法进行推断和决策。在决策级遥感影像融合中，模糊逻辑可以用于评估不同数据源的可信度、权重和相关性，并将这些信息用于融合过程中的决策推理。

3. 传统影像镶嵌处理

卫星遥感影像镶嵌处理方法用于将多幅卫星遥感影像拼接成无缝的连续影像，以获得更大范围的覆盖和更全面的信息，从而满足不同领域对影像数据的需求。常用的卫星遥感影像镶嵌处理方法有图像配准法和遥感影像镶嵌线生成法。

1）图像配准法

特征点匹配的图像配准方法是一种常用的配准技术，用于将两幅或多幅遥感图像对齐到同一坐标系统下，以实现它们之间的几何和空间一致性。这种方法依赖于图像中具有显著性、不变性和重复性的特征点，并通过匹配这些特征点来确定图像之间的几何变换关系。图像配准是遥感图像镶嵌过程中的重要一步，影像的拼接好坏很大程度取决于配准结果。高分辨率遥感图像拍摄地物时包含更多细节，一般的图像配准算法用在遥感领域的效果可能不会非常明显，因为遥感图像对于配准的精度要求更高，但这些传统的算法对于遥感图像镶嵌具有非常好的指导作用。

常见的传统图像配准算法主要有基于 SIFT 特征点匹配的图像配准算法、基于 Laplacian 金字塔的图像配准算法、基于闭合区域特征的图像配准算法。

（1）基于 SIFT 特征点匹配的图像配准算法用于捕捉影像中的局部特征，具有尺度不变性和旋转不变性等特点，在图像配准中被广泛应用。该算法主要包括以下步骤：

①特征点检测：对于待配准的两幅图像，首先利用 SIFT 算法检测图像中的关键点（特征点）。SIFT 特征点具有尺度不变性，即可以在不同尺度下检测到相同的特征点，并且具有旋转不变性和光照不变性。

②特征描述：对每个检测到的关键点，计算其局部特征描述符。SIFT 特征描述符是一个 128 维的向量，用于描述特征点周围的图像局部结构和纹理特征。

③特征匹配：将待配准图像中的特征点与参考图像中的特征点进行匹配。通常采用的方法是计算特征点之间的欧氏距离或采用近似最近邻（ANN）算法来寻找最佳匹配对。

匹配过程中，可以利用比率测试（ratio test）来筛选匹配对，去除低质量的匹配。

④变换估计：基于匹配的特征点对，利用鲁棒的变换估计算法（如 RANSAC）估计图像之间的几何变换模型，通常是仿射变换或透视变换。RANSAC 算法可以去除匹配中的误匹配，提高变换估计的准确性。

⑤影像配准：根据估计的几何变换模型，对待配准图像进行变换，将其对齐到参考图像或参考坐标系下。常见的变换方法包括仿射变换和透视变换。配准过程中，可以采用插值方法对像素进行插值，保持图像在配准后的空间一致性。

⑥评估和调整：对配准后的图像进行评估和调整，检查配准结果的质量和精度，如果需要可以进行进一步的优化和调整。

（2）基于 Laplacian 金字塔的图像配准算法将各个源图像分别在不同尺度、不同空间分辨率的条件下进行配准，主要思想是将待配准图像和参考图像分别构建 Laplacian 金字塔，并将它们的金字塔层级对应进行配准，从而实现图像的对齐。该算法主要包括以下几个过程：

①建立 Laplacian 金字塔：首先对待配准图像和参考图像进行高斯滤波和下采样，得到一系列分辨率不同的图像。然后，通过将每个图像与其上采样版本相减，并与高斯滤波后的图像相减，生成 Laplacian 金字塔的各个层级。

②选择金字塔层级：从两个 Laplacian 金字塔中选择相同分辨率的层级，作为待配准图像和参考图像进行配准的输入。

③图像配准：采用常见的配准算法（如最小二乘法、互相关等）对待配准图像和参考图像进行配准，得到它们的相对变换参数。

④传递变换参数到较低分辨率层级：将获得的变换参数传递到分辨率较低的金字塔层级，使得待配准图像在更低分辨率下进行配准。

⑤重复以上步骤：持续执行上述过程，直到达到金字塔的最底层。最后，将获得的所有变换参数叠加，得到待配准图像和参考图像之间的最终变换参数，以实现两幅图像的配准。

基于 Laplacian 金字塔的图像配准算法具有计算量小、适用范围广、配准精度高等优点，但由于分解过程次数较多，最终的结果很容易丢失一定的细节导致融合图像模糊。

（3）基于闭合区域特征的图像配准算法是一种通过检测和匹配图像中的闭合区域（例如边界、轮廓等）来实现图像配准的方法。通常湖泊、阴影、森林和其他图像具有明显的区域特征，通过利用基于闭合区域特征的图像配准方法进行图像镶嵌能取得理想效果。

①特征提取：从待配准图像和参考图像中提取闭合区域特征。常用的特征提取方法包括边缘检测、轮廓提取等。

②特征描述：对提取的闭合区域特征进行描述，生成特征向量或描述符。描述符通常包括闭合区域的形状、大小、方向等信息。

③特征匹配：将待配准图像中的闭合区域特征与参考图像中的闭合区域特征进行匹配。

④变换估计：基于匹配的闭合区域特征对，估计待配准图像与参考图像之间的几何变换模型。这些变换模型可以是仿射变换、透视变换等，用来描述待配准图像相对于参考图

像的位置、旋转、缩放等变换。

⑤影像配准：根据估计的几何变换模型，对待配准图像进行变换，使其与参考图像对齐。这通常涉及对待配准图像进行坐标变换、插值等操作，以使其与参考图像尽可能吻合。

⑥评估和调整：对配准后的图像进行评估和调整，检查配准结果的质量和精度。如果需要，可以通过优化算法或手动调整来改进配准结果，以满足特定的应用需求。

基于闭合区域特征的图像配准算法具有较高的准确性和鲁棒性，在遥感领域得到了广泛的应用。

2）镶嵌线生成法

遥感影像镶嵌线生成方法大致分为四类，分别为：基于重叠区影像差异的方法、基于同名点的方法、基于辅助数据的方法以及基于形态学的方法。

（1）基于重叠区影像差异的方法的主要思想是利用图像中重叠区域的差异来实现图像配准。基于重叠区影像差异的方法，通过计算重叠区域中像元的差异值，生成一个二维差异矩阵，并在该矩阵上选择影像差异最小的路径作为接缝线。这种方法常用但存在局限性，难以避免接缝线穿越地物目标，并且差异矩阵的计算质量直接影响接缝线的生成效果。

（2）基于同名点的方法是一种常见的图像配准方法，其主要思想是从几何特征出发，通过特征点匹配得到一系列同名点，并将这些点连接形成接缝线，基于这些同名点进行局部几何纠正和辐射校正，以提高镶嵌质量。

基于同名点的方法的优势在于它能够充分利用图像中的地理信息，不仅考虑图像的外观特征，还考虑了图像之间的地理位置关系。因此，它适用于处理具有大范围视场和大量地理特征的卫星遥感影像。

（3）基于辅助数据的方法主要是利用外部数据（如地物信息）来引导和约束镶嵌线的形成，帮助避开目标区域。常见的基于辅助数据的方法包括基于数字地表模型（Digital Surface Model，DSM）的镶嵌线提取算法和基于道路矢量数据的方法。然而，由于实际图像中存在运动目标和摄像角度的不确定性，需要进一步优化图像，以提高路径的准确性和可靠性。此外，使用道路矢量数据进行图像拼接需要高质量的矢量数据和精确的地理参考数据，否则可能会导致图像的偏移和失真。

（4）基于形态学的方法通过影像分割技术，将影像中的不同地物或目标区域分隔开来，以实现镶嵌线的生成。核心思想是使镶嵌线沿着地物边界分布，在不同地物之间形成自然过渡。通常使用分水岭分割算法，将影像分割为可穿越和不可穿越区域，为镶嵌线的生成提供基础。这种方法具有速度快、复杂度低且物体轮廓相对封闭的特点。

3.2.2　深度学习处理方法

近年来由于深度学习的迅速发展，其在遥感领域的运用不断增加。深度学习基于传统影像处理的方式，优化和改进传统处理方式的技术，避免了传统影像处理的繁琐过程，提高了影像处理的精度和速度，为遥感影像处理带来了新的突破。在遥感影像处理中深度学习的运用主要体现在影像校正处理、影像融合处理和影像去云镶嵌处理方面。

1. 深度学习影像校正处理

在影像校正处理中，深度学习能够计算出影像底图和遥感影像之间的匹配点，然后根据匹配点计算得到仿射变换参数，接着利用仿射变换参数重新解算 RPC 模型，最终使得影像校正结果更加精确。在深度学习影像匹配中常用的匹配算法有：SuperPoint 匹配算法，SuperGlue 匹配算法，LoFTR 匹配算法。

1）SuperPoint 匹配算法

SuperPoint 是一种用于图像特征点检测和描述的算法，旨在提取具有显著局部特征的关键点，并生成描述子以进行匹配和定位。由于采用 CNN 进行特征点检测和描述，SuperPoint 能够快速地处理图像并提取特征点。通过生成具有丰富信息的描述子，SuperPoint 能够实现高质量的特征匹配，适用于多种计算机视觉任务。

SuperPoint 网络框架由四个部分组成：编码网络、特征点检测网络、描述子检测网络以及损失函数（图 3－3）。

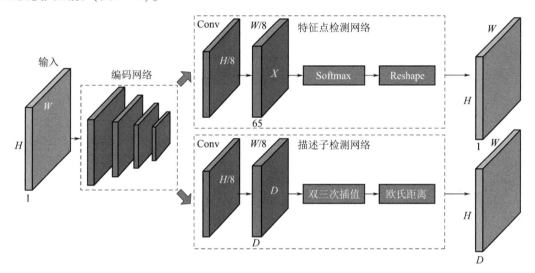

图 3－3 SuperPoint 网络框架

（1）编码网络

采用 VGG 网络作为共用网络的编码器，由卷积层、空间下采样池和费希纳行激活函数组成。编码器使用三个最大池化层，将图像尺寸为 $H\times W$ 的图像定义为 $H_c=H/8$，$W_c=W/8$。共享编码网络用于提取图像的降维特征，以减小后续网络的计算量。

（2）特征检测网络

对未标注的自然影像进行单应性变换，训练 MagicPoint 检测器检测变换后的图像。兴趣点检测输出为每个像素对应的特征点概率。作为密集特征点预测网络，通过池化降低影像空间分辨率，然后通过上卷操作进行上采样。然而上采样会增加计算量，并引入棋盘伪影。为降低模型的计算量，SuperPoint 特征检测网络采用子像素卷积的方法。

（3）描述子构建网络

描述子构建网络也是一个解码器，首先学习半稠密描述子，然后通过双三次插值算法得到完整描述子，最后利用 L2 标准化得到单位长度的描述。

（4）损失函数

网络共有特征提取、描述子构建两个分支网络，损失函数也由两部分组成。Super-Point 网络总的目标损失函数如下所示：

$$L\left(X, X', D, D'; Y, Y', S\right) = L_{\mathrm{p}}\left(X, Y\right) + L_{\mathrm{p}}\left(X', Y'\right) + \lambda L_{\mathrm{d}}\left(D, D', S\right)$$

$$(3-7)$$

式中，L_{p} 为特征点检测损失函数，L_{d} 为描述子损失函数，其中系数 λ 为特征点损失与描述子损失的平衡权重，X 和 Y 为第一张影像的稠密特征图和兴趣点标注集合，X' 和 Y' 分别为第二张影像的稠密特征图和兴趣点标注集合，D、D' 为输入影像对的两个稠密描述符。

2）SuperGlue 匹配算法

SuperGlue 网络基于图匹配算法展开，用于特征匹配及外点滤除，输出精准特征匹配。SuperGlue 框架由两部分组成：注意力 GNN（图神经网络）与最优匹配层。前半部分为注意力机制（注意力 GNN），通过此机制得到更加优秀的匹配描述子，注意力机制里的自我注意机制和交叉注意机制起到不断强化（$L=7$）向量 f 的作用。后半部分为最优匹配层，此部分利用内积得到得分矩阵，再经过 Sinkhorn 算法迭代，达到初步优化位姿估计的目的（图 3-4）。

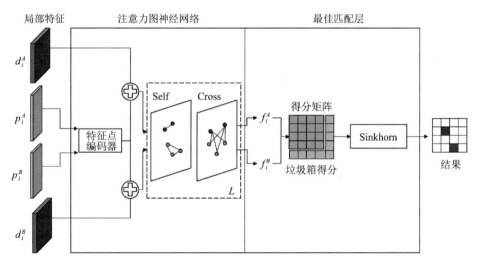

图 3-4　SuperGlue 主要框架

（1）注意力 GNN

注意力 GNN，模拟人眼特征匹配过程中试探性筛选匹配关键点并反复检查、排除奇异性匹配过程。注意力 GNN 网络利用自我注意力（Self - attentional）以及交叉注意力（Cross - atteional）来回增强（重复 L 次）得到更具代表性的特征描述子向量 f（维度为 256），提高特征匹配性能。

①特征点编码器。特征点位置与特征描述可以增加特征匹配特异性，所以将特征点的位置以及描述子合并。

②多层 GNN。图像包括两种不同的无向边：一种是 Intra - imageedges（即 self edge），用于连接图像内部特征点；另一种是 Inter - imageedges（即 cross edge），用于连接本图的特征点与另一张图的所有特征点。

③注意力机制。将注意力机制用于特征匹配，采用自我注意力与交叉注意力将信息聚合得到，其中 self edge 即利用了自我注意力，cross edge 即利用了交叉注意力。通过 CNN（卷积神经网络）得到的特征点坐标以及特征描述子，将其映射为一个向量，通过自我注意力与交叉注意力交替更新（L 取 7 次），得到匹配描述子 f_i^A。

（2）最优匹配层

最优匹配层主要构建分配矩阵 P。通过计算匹配得分矩阵 S 得到分配矩阵 P，将模型转化为最大化总体得分 P。

①匹配得分预测。得分矩阵采用注意力 GNN 聚合得到的匹配描述子以及匹配描述子计算内积得到特征点匹配相似的特征作为得分。

②遮挡以及可见性。SuperPoint 网络在提取特征点时，针对图像中没有特征点的情况，增加了一层 dustbin 通道。SuperGlue 也在得分矩阵 S 最后一行与最后一列均设置了一层 dustbin 通道，可以得到增广矩阵 S，用于滤除误匹配点对。

③Sinkhorn 算法。模型转化为求解最大化总体得分 P 的最优传输问题。采用 Sinkhorn 算法解决熵正则化的最优传输问题，迭代 T 次，解算出最优特征分配矩阵。

3）LoFTR 匹配算法

传统的图像匹配方法通常使用局部特征描述符（如 SIFT、ORB 等）来提取图像中的关键点和对应的描述子，然后通过一些启发式方法（如最近邻居匹配）来计算两幅图像之间的相似性。但这些方法在处理光照变化、视角变化等情况下可能效果不佳。LoFTR 通过引入 Transformer 模型，可以学习到更加丰富的局部特征表示，使得匹配结果更加鲁棒。同时，它还可以通过自注意力机制来捕捉图像中不同区域之间的关系，从而进一步提升匹配的准确性和鲁棒性（图 3-5）。

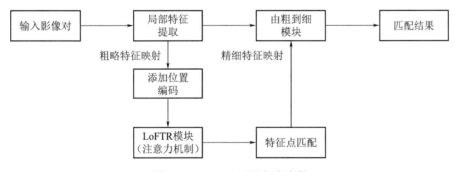

图 3-5　LoFTR 匹配方法流程

（1）局部特征提取

LoFTR 方法通过利用特征金字塔网络（FPN）结合 ResNet 从给定的图像对中提取多层特征，包括粗略级别和细粒度级别的特征。这些特征分别表示图像尺寸的 1/8 和 1/2，通过标准的卷积神经网络结构进行提取。

（2）粗略特征映射与添加位置编码

在特征提取后，LoFTR 方法使用 LoFTR 模块从粗略级别特征图中提取位置和与上下文相关的局部特征，并将它们转换为易于匹配的特征表示。这些粗略级别的特征被展开为一维向量，并添加了位置编码。

（3）LoFTR 模块

添加位置编码后，特征位置及位置编码被送入 LoFTR 模块。LoFTR 模块的核心任务是解决特征检测器的重复性问题，并生成可重复的局部特征。它利用 Transformer 中的注意力机制来扩大感受野。

（4）建立粗匹配

LoFTR 采用可微分的匹配层来匹配变换后的特征，生成置信度矩阵。然后根据置信度阈值和相互最近邻准则选择置信度矩阵中的匹配，形成粗略匹配预测。

（5）由粗到细模块

在建立粗匹配后，这些匹配被由粗到细模块细化到原始图像分辨率。该过程使用基于相关性的方法，对每个粗匹配，首先在精细特征映射中定位匹配位置，然后裁剪两组大小相同的局部窗口。接着，利用一个较小的 LoFTR 模块对裁剪的特征进行转换，得到两个转换后的局部特征映射。最后，通过计算概率分布上的期望，收集所有匹配产生最终的精细匹配结果。

2. 深度学习影像融合处理

遥感影像融合技术旨在结合全色影像的分辨率优势与多光谱影像的光谱优势得到高分辨率多光谱影像。深度学习方法能够解决传统遥感影像融合处理时，由于全色波段的光谱范围和光谱特征与多光谱波段存在差异，引入空间细节引起的光谱失真问题，以及在融合过程中易产生光谱信息损失的问题，最终生产出高质量的高分辨率多光谱影像。

深度多光谱与全色图像融合方法分为有监督的方案和无监督的方案两类。两类方案采取的网络架构主要有 PNN 和 GAN 两种。

1）PNN 架构方法

PNN（pan-sharpening neural network）是使用深度学习解决多光谱与全色图像融合问题的开创之作，首次引入 PNN 提取和融合全色与多光谱图像中的有效信息，在此之后都是对 PNN 进行优化而形成各种优化网络，例如 PanNet、SRPPAN 等。

PNN 是一个三层卷积神经网络模型，其网络架构类似 SRCNN 网络，均是采用浅层的三层卷积网络对图像进行处理。PNN 网络首先将全色图像和上采样处理后的多光谱图像输入网络，在第一层网络对级联在一起的全色和多光谱图像进行特征提取，在第二层网络进行特征的非线性映射，在最后一层网络进行特征的重建得到融合图像（图 3-6）。

首先对低分辨率多光谱影像（MS）进行上采样四倍，然后与高分辨率全色影像（PAN）叠加，形成 5 通道图像，作为输入。

网络第 1 层采用 64 个 9×9 的卷积核，激活函数为 ReLU。第 2 层采用 32 个 5×5 的卷积核，激活函数为 ReLU。第 3 层采用 4 个 5×5 的卷积核，最后输出融合结果。

2）生成对抗网络（GAN）

生成对抗网络（Generative Adversarial Network）主体是生成器网络（generative network）和判别器网络（discriminator network）。GANs 的基本原理是对抗训练，生成器网络系统根据学习实际信息的分布情况来产生更接近实际情况的信息，判别器网络设计的最初版本是一个分类器，判别器根据输入信息的特征来识别输入数据是真实数据集中的图片还是生成网络生成的数据。随着网络的训练与迭代，两个网络模型不断改进自身性能，以达到最佳的纳什均衡状态，致使输入数据与产生网络系统的分布情况更加接近，从而导致判

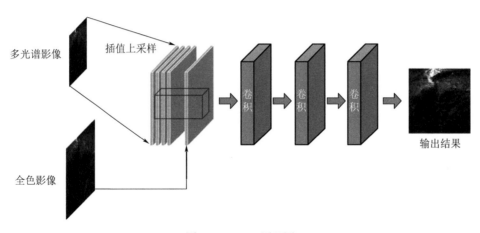

图 3-6 PNN 原理图

别器不能分辨出输入数据是实际的或是来源于产生网络系统（图 3-7）。

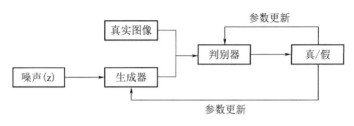

图 3-7 GAN 原理图

GAN 目标函数见下式：

$$\min_G \max_D V(D,G) = E_{x \sim p_{\text{data}(x)}}(x)[\log D(x)] + E_{z \sim p_{z}(z)}\log\{1 - D[G(z)]\} \qquad (3-8)$$

式中，z 是分布为 $p_z(z)$ 的随机噪声，G 是生成器表示函数，D 表示的是判别器，$D(x)$ 表示判别 x 是真实数据的概率。训练时，由于生成器目标是生成更真实的数据，因此 GAN 目标函数是要最小化 $\log\{1 - D[G(z)]\}$，而判别器的训练目标是能清楚辨别真的数据，因此 GAN 目标函数是要最大化真实数据的概率 $\log D$。在遥感领域常用的生成对抗网络模型是 SRGAN、PSGAN 等。

（1）SRGAN（Super-Resolution Using a Generative Adversarial Network）

①将低分辨率图像置于生成网络的输入生成器中，生成器接收低分辨率的输入图像，并尝试生成具有更高空间分辨率的图像。生成器通常采用深度卷积神经网络，通过学习图像之间的特征表示来生成细节更加丰富的图像。

②判别器接收生成器生成的高分辨率图像以及真实的高分辨率图像，并尝试区分它们。判别器也是一个 CNN 模型，通过学习两种图像之间的差异来提高自身的识别能力。

③训练过程中，生成器和判别器交替进行优化，生成器试图生成更逼真的高分辨率图像，以欺骗判别器，而判别器试图尽可能准确地区分生成的高分辨率图像和真实的高分辨率图像。

通过这种对抗训练的方式，生成器逐渐学习到了如何从低分辨率输入中恢复出高频细节信息，从而实现超分辨率的效果。

（2）PSGAN（Generative Adversarial Network for Pan – Sharpening）

①初始上采样：首先对多光谱图像进行上采样，以匹配全色影像的分辨率。

②特征提取子网络：将多光谱图像和全色影像分别输入到两个特征提取子网络中。每个子网络包括两个卷积层，随后是一个 LeakyReLU 激活函数和一个下采样层。下采样是使用步长为 2 的卷积层进行的，而不是使用池化层如最大池化。

③串联和融合：将两个子网络产生的特征图串联起来，然后通过额外的卷积层进行融合。这个融合过程对于整合从多光谱和全色影像中提取的信息至关重要。

④解码器类网络：在融合步骤之后，采用解码器类网络架构。该网络包括两个转置卷积层，随后是三个常规卷积层。这部分网络的目的是重建高分辨率的多光谱图像。

3. 深度学习影像去云镶嵌处理

在遥感影像中云层十分常见，云层会遮挡地物信息，导致无法获取影像云层下的地理信息。深度学习能够去除遥感影像中的云层。深度学习通过构建含有具多个隐藏层的机器学习架构模型，通过大量数据迭代训练，得到具有代表性的特征信息，从而实现对样本的预测。使用深度学习方法能够灵活地从遥感影像中提取多层次的复合信息，如底层空间特征、中层语义特征和深层抽象特征等，在遥感影像的去云镶嵌中得到深入的应用。

1）云检测

云检测是为了确定遥感影像中云层的位置，为云去除步骤提供云层的位置信息。随着深度学习广泛应用于遥感影像处理领域，深度学习具有极强的特征提取能力，能够从图像中提取复杂的非线性特征。深度学习在云检测处理中能够改变传统方法需要大量的人力劳作，提高生产效率。常用的云检测方法有：全卷积神经网络（FCN）、U – Net 网络和 DeepLabV3 网络。

（1）全卷积神经网络（Fully Convolutional Network，FCN）

FCN 是一种用于图像分割的深度学习架构，是第一个将全卷积网络应用于端到端的图像语义分割任务的模型。在传统的卷积神经网络（CNN）中，通常会使用全连接层来实现分类任务，这些全连接层将图像的空间信息压缩为一个固定长度的向量，用于进行分类。然而，这种结构不适用于图像分割任务，因为分割需要保留图像的空间信息。FCN 通过将传统的卷积层替换为全卷积层来解决这个问题，从而实现了端到端的像素级别的图像分割。使用 FCN 进行云检测主要按下面的步骤进行：

①数据准备：准备用于训练和测试的图像数据。这些图像通常是卫星图像或航拍图像，其中包含了云覆盖的区域。同时，需要为每个像素提供标签，指示其是否属于云区域。这可以通过人工标注或者现有的数据集进行。

②网络设计：设计 FCN 模型的网络结构。FCN 通常由编码器（Encoder）和解码器（Decoder）组成。编码器用于提取图像中的特征，通常采用预训练的卷积神经网络（如VGG、ResNet 等）。解码器则用于将特征映射回原始图像尺寸，并进行像素级别的分类。

③训练：使用准备好的训练数据对 FCN 进行训练。训练的目标是使 FCN 能够从输入图像中准确地预测每个像素的类别，即云区域与非云区域。这通常通过最小化损失函数（如交叉熵损失函数）来实现。

④评估：在训练完成后，需要对模型进行评估以确保其在新数据上的泛化能力。通常使用测试数据集来评估模型的性能，比如计算准确率、召回率、F1 分数等指标。

⑤预测：经过训练和评估后，可以将训练好的 FCN 模型应用于新的图像数据进行云检测。对于给定的图像，FCN 将输出每个像素的分类结果，指示其是否属于云区域。

（2）U-Net 网络

U-Net 是一种用于图像分割的深度学习网络架构。它是一种端到端的架构，特别适用于医学图像分割任务，如细胞分割、器官分割等，同样也可以用于遥感影像特征提取中，其设计灵感来自 U 形结构，因此得名。

U-Net 网络由编码器和解码器两部分组成，编码器通过 4 次下采样逐级提取图像的特征信息，每次下采样特征图尺寸变为原来的 1/2，通道数增加一倍。解码器通过上采样增大特征图尺寸，并通过跳跃连接堆叠编码器和解码器的特征图实现特征融合，有效缓解了下采样导致空间信息丢失的问题。U-Net 网络结构简单，通过拼接特征图保留更多的细节信息，实现了浅层空间信息和深层特征信息的有效组合，从而具有较高的分类精度。U-Net 进行云检测主要有以下步骤：

①数据准备：准备训练数据集和测试数据集。数据集通常包括航拍图像或卫星图像以及对应的标签，标签指示每个像素是否属于云区域。可以通过手动标注或使用现有的数据集来获得这些标签。

②数据预处理：对图像数据进行预处理，以确保输入 U-Net 的图像具有相同的尺寸和数据范围。常见的预处理包括调整图像大小、归一化和数据增强（如随机裁剪、翻转等）。

③构建 U-Net 模型：设计和构建 U-Net 模型。U-Net 的结构由对称的编码器和解码器组成，其中编码器用于提取特征，解码器用于从特征图中生成语义分割结果。U-Net 的特点是使用跳跃连接（skip connections），从编码器的每一层直接连接到对应的解码器层，有助于提高分割结果的精度。

④训练模型：使用准备好的训练数据集对 U-Net 模型进行训练。训练过程通常包括选择合适的损失函数（如交叉熵损失函数）、优化器（如 Adam）、学习率调度等。训练过程的目标是最小化模型在训练数据上的预测结果与标签之间的差异。

⑤评估模型：在训练完成后，使用测试数据集对模型进行评估。评估过程通常包括计算模型的准确率、召回率、F1 分数等指标，以及可视化模型的预测结果。

⑥预测：使用训练好的 U-Net 模型对新的图像数据进行云检测。U-Net 将为每个像素生成相应的预测结果，指示其是否属于云区域。

（3）DeepLabV3 网络

DeepLabV3 是一个用于语义分割任务的深度学习模型。语义分割是计算机视觉中的一项重要任务，其目标是将图像中的每个像素分配到预定义的语义类别中，如人、车、树等。DeepLabV3 在这方面取得了显著的成就，尤其是在准确性和效率方面。DeepLabV3 主要的贡献是引入了两个关键的技术：空洞卷积（atrous convolution）和多尺度特征融合（multi-scale feature fusion）。空洞卷积允许网络在保持参数量不变的情况下增加感受野，从而更好地捕捉图像中的上下文信息。多尺度特征融合则允许网络利用不同尺度的特征信息，以提高分割的准确性。DeepLabV3 还引入了深度可分离卷积（depthwise separable convolution）来减少参数量和计算量，从而使网络更轻量化和更适合移动端部署。这使得 DeepLabV3 不仅在准确性方面表现出色，而且在速度和效率方面也非常出色。此外，DeepLabV3 还可以通过使用不同的预训练模型（如在大规模图像数据集上预训练的 ResNet、MobileNet 等）来适应不同的应用场景和计算资源。DeepLabV3 进行云检测主要有以下步骤：

①数据准备：准备用于训练和测试的图像数据，这些图像通常是卫星图像或航拍图像，其中包含了云覆盖的区域。同时，为每个像素提供标签，指示其是否属于云区域。这可以通过人工标注或现有的数据集进行。

②模型预训练：如果没有足够的训练数据，可以考虑使用预训练的 DeepLabV3 模型，将其迁移到云检测任务中。预训练模型通常在大规模图像数据上进行训练，具有较好的特征提取能力。

③微调模型：根据自己的数据集和任务需求，对预训练的 DeepLabV3 模型进行微调。微调过程中可以调整模型的超参数，如学习率、批量大小等，以及选择适合任务的损失函数。

④训练：使用准备好的训练数据对 DeepLabV3 模型进行训练。训练的目标是使模型能够从输入图像中准确地预测每个像素的类别，即云区域与非云区域。

⑤评估：在训练完成后，使用测试数据集对模型进行评估，以评估其在新数据上的性能表现。常见的评估指标包括准确率、召回率、F1 分数等。

⑥预测：经过训练和评估后，可以将训练好的 DeepLabV3 模型应用于新的图像数据进行云检测。对于给定的图像，DeepLabV3 将输出每个像素的分类结果，指示其是否属于云区域。

2）云去除

在进行云检测之后，就能够对遥感影像中的云层进行去除。遥感影像中云去除的实质是消除云对遥感影像的影响，重建影像原始信息的过程。云去除主要也是使用生成对抗网络 GAN，下面介绍基于 GAN 而提出的两种网络模型——Cloud - GAN 和 CR - GAN - PM。

（1）Cloud - GAN

Cloud - GAN 能够将含有薄云的遥感影像，转换成无云遥感影像，利用了对抗性和循环一致性损失的组合，同时不依赖于云穿透源图像，如合成孔径雷达（SAR）或近红外（NIR）图像（图 3 - 8）。

Cloud - GAN 网络云去除步骤：

①网络结构：首先，定义了两个映射函数 G 和 F，分别将云图像转换为无云图像以及将无云图像转换为云图像。这两个映射函数分别由两个生成器网络 $X2Y$ 和 $Y2X$ 建模。同时，有两个判别器网络 X 和 Y，用于区分真实数据和生成的数据。

②训练数据集：准备训练数据集，包括了一组云图像 $\{x_i\}$ 和一组无云图像 $\{y_i\}$，其中 x_i 属于云图像域 X，y_i 属于无云图像域 Y。通过这些数据分布 $p_{data}(x)$ 和 $p_{data}(y)$，训练生成器和判别器网络。

③对抗训练：生成器和判别器之间进行对抗训练，使它们相互竞争并逐步优化。生成器的目标是生成逼真的无云图像，以欺骗判别器，而判别器的目标是准确区分生成的图像和真实的图像。

④最小二乘 GAN（LSGAN）：采用最小二乘 GAN 的形式来定义对抗性目标函数，以提高图像质量并使学习过程更稳定。

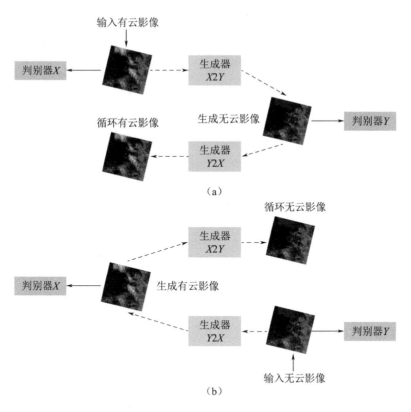

图 3 - 8　Cloud - GAN 网络架构

（a）前向循环一致性损失 $x \rightarrow G(x) \rightarrow F[G(x)] \approx x$；（b）前向循环一致性损失 $y \rightarrow F(y) \rightarrow G[F(y)] \approx y$

⑤循环一致性损失：为了约束生成器的输出，使得输入图像能够通过生成器和反向生成器后得到原始图像，引入了循环一致性损失。这有助于生成器学习到更加准确的映射关系。

⑥训练目标函数：最终的生成器目标函数由对抗性损失和循环一致性损失两部分组成，其中通过调节正则化因子 λ 来平衡两部分损失。

（2）CR - GAN - PM 网络（A Semi - Supervised Thin Cloud Removal Method Based on Generative Adversarial Networks and a Physical Model of Cloud Distortion）

CR - GAN - PM 是一种基于生成对抗网络（GANs）和云畸变物理模型的半监督方法，用于无需配对图像的薄云去除。其优势在于利用非配对图像进行训练，节省了数据收集成本，同时结合了云的物理特性，使得薄云去除更加准确。通过利用 GANs 的生成能力，CR - GAN - PM 能够生成逼真的无云背景和云畸变层，实验结果表明其在不同波段的薄云去除任务中具有良好的性能和鲁棒性，与端到端的深度学习方法相似，并且优于传统方法（图 3 - 9）。CR - GAN - PM 的操作步骤如下：

①图像分解：给定输入的有云图像 t，使用提取网络将其分解为三个云畸变层：双向传输层 $\tau(t)$，反射层 $\gamma(t)$ 和约束层 $\alpha(t)$。

②图像去除：使用去除网络将多云图像 t 转换为无云影像 $\varphi(t)$。

③相关性计算：计算无云背景层和云畸变层之间的相关性，并将其反馈给提取和去除网络以优化它们的参数。

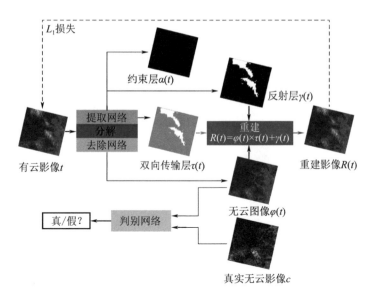

图 3 - 9　CR - GAN - PM 网络架构图

④判别网络训练:使用真实的无云图像训练判别网络,以提取和识别真实无云图像的特征。判别网络能够评估 $\varphi(t)$ 是否为真实的无云图像,评估结果被反馈给去除网络以优化其参数。

⑤重建图像:将无云背景层和云畸变层代入到重建方程中,得到重建结果 $R(t)$ 然后与输入多云图像 t 进行比较。比较结果被反馈给提取和去除网络以更新它们的参数。

⑥损失函数计算:计算 CR - GAN - PM 的损失函数 L_1,包括对抗损失、重建损失和相关损失,以及用于优化输出质量的优化损失。

⑦网络优化:根据损失函数,对提取网络和去除网络进行参数优化,以生成高质量的无云背景层和云畸变层。

(3)无云镶嵌

将遥感影像的云层去除后,采用影像匹配算法或者影像镶嵌线方法即可生成无云遥感影像一张图。

4 遥感深度学习解译模型构建

构建面向业务需求的遥感深度学习解译模型,主要包括开展解译样本制作和深度学习模型训练工作。高质量的解译样本库和优秀的深度学习模型训练策略是实现遥感图像高精度智能解译的重要资源与核心技术。

4.1 解译样本库构建

通过精心设计的样本结构和多样化的样本数据,不仅为模型的训练和验证提供丰富的学习材料,也能确保模型具备良好的泛化能力,能够准确处理新的、未见过的遥感数据。样本库构建关键在于:一是建立科学严谨可拓展的样本分类体系,以确保样本库能够全面覆盖不同的地物类型,适应多样化的应用需求。二是丰富样本类型,以满足不同区域、不同解译任务的先验知识需求。三是在样本组织结构方面,设计合理的样本组织结构,以优化样本的存储、检索和使用效率,同时保证数据的逻辑性和一致性。四是在样本采集上,应明确各目标地物精度指标要求,制定恰当的样本采集技术方案。五是在样本数据增广方面,重点解决样本不足导致的过拟合问题,达到扩充样本并增强模型泛化性和鲁棒性的目的。六是收集和整理遥感领域广泛使用的公开数据集,用其可用。

4.1.1 样本体系

构建科学合理的样本体系是样本数据库构建的重要前提。在实际工作中,南方复杂场景遥感图像智能解译样本体系构建应注重以下几个方面:

(1)统一分类标准:建议基于现行的地表覆盖分类体系,如 USGS 的 Anderson 分类体系和 FAO 的 LCCS 分类体系,以及国内的相关标准如现行《土地利用现状分类》GB/T 21010,进行样本库分类体系设计,通过建立地表覆盖分类与遥感解译识别对象分类之间的对应关系,形成统一标准基础的解译识别对象分类体系,才能保证不同地区和不同来源的样本数据集之间具有更好的兼容性和共享能力,保障样本库可复用、可拓展。

例如,在林地变化检测业务中,可以按林地变化前后时相地类属性,构建林地变化分类体系(表4-1)。

林地变化检测分类体系示例　　　　　　　　　　　　　　　　　　表 4-1

大类	类别名称	类别说明	前时相地类	后时相地类
林地内部变化	林地采伐	由于砍伐等行为导致的影像变化	林地	迹地
	林地种植	由于种植等行为导致的影像变化	迹地	林地

大类	类别名称	类别说明	前时相地类	后时相地类
林地变为 非林地	林地变堆掘地	以建设为目的的动土作业导致的影像变化	林地	人工堆掘地
	林地变建筑	建设建构筑物导致的影像变化	林地	建构筑物
	林地变耕地	耕地复垦或开垦新耕地导致的影像变化	林地	耕地

（2）建立专题样本：针对特定的业务场景，如森林监测、矿产资源开发监测、防灾减灾、农作物种植监测等，分类建立专题样本，以满足特定应用需求。

（3）整合多源数据：整合光学、雷达、红外等多源遥感数据，以增强样本库的多样性和代表性。

（4）动态更新样本：结合解译效果，针对未覆盖的解译对象类型或需要清洗优化的样本类型，进行补充采集或数据清洗，以便进一步提升样本的泛化能力。

（5）统一语义：在使用多个不同的遥感样本数据集时，进行类别映射和数据清洗，确保各地类的语义统一。

4.1.2　样本类型

对于不同解译任务样本，可将样本库分为：图像分类样本、语义分割样本、目标检测样本、变化检测样本等类型，如附图 4 - 1 所示。这些类型覆盖了从单一的地表特征到复杂的地物组合的全面范围。每种类型的样本都对应着特定的遥感解译任务，并要求不同的数据处理和分析方法。

（1）图像分类样本：场景识别对应于计算机视觉中的图像分类任务，其目的是自动给航空或航天遥感影像贴上特定语义类别标签，支持场景与目标（如机场、码头、立交桥等）的快速检索。

（2）语义分割样本：利用遥感影像进行语义分割的目的是将遥感影像中的每个像素与预先定义的地表覆盖类别关联起来。包含影像数据以及对应逐像素分类的栅格分类信息数据。

（3）目标检测样本：目标检测是在影像中定位一个或多个感兴趣的特定地物（如建筑物、车辆、飞机等），并识别预测地物相应的类别。主要包括目标影像、目标定位框坐标数据、目标分类信息。

（4）变化检测样本：用于定位及识别同一地理位置处多时态间的变化信息。需要前后两个时相的影像，并且基于统一分类体系对标签影像的图斑属性进行标注。需要针对每种变化类型制定合理的判定准则和规范要求。

此外，南方复杂场景遥感图像智能解译样本还应覆盖多种遥感数据类型，兼顾地表覆盖的季节变化，制作具备时空谱特点的样本数据，形成多模态样本和多时序样本，以满足对不同传感器、不同时序数据源的解译。

4.1.3　样本组织结构

目前，常用的遥感影像数据集组织方式多参照 ImageNet、COCO 等成熟的图像数据集的组织方式，一个样本数据集主要由元数据文件、影像文件与标签文件组成。影像文件与标签文件均采用固定规格大小（如 512 像素×512 像素）的矩形栅格图像文件来存储，便于用户将训练数据输入深度学习网络框架。

样本数据集根据深度学习网络框架的需要，多被划分为训练集、验证集与测试集。训练集是用于拟合模型训练参数的样本所组成的集合；验证集则被用于在训练过程中对模型参数进行评估；测试集是不参与训练的标注数据所组成的集合，用于在最终模型训练完成后对模型进行评价。

样本数据集结构示例见图 4-1。

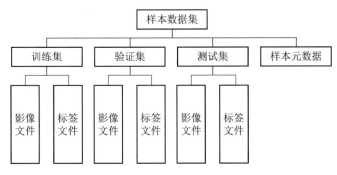

图 4-1 样本数据集结构示例图

对于不同的业务场景，样本数据集的组织方式会有所不同，在变化检测任务中，样本数据集需要保存变化前、变化后两幅遥感影像数据；在目标检测任务中，目标标注标签多采用矩形框的方式而非分类图来储存；在图像分类任务中，标注标签有可能是描述场景内容的词汇或语句。

4.1.4 样本采集方法

样本采集是样本数据库建设工作中的核心一环，样本数据的质量直接关系到最终训练得到的模型产品的质量，而样本数据建设的效率也直接关系到项目整体推进效率。在遥感影像样本数据集的制作中，常规的样本制作方式是采用 LabelImage、LabelMe、CVAT 等样本标注软件，或是 ArcGIS、QGIS 等地理信息系统软件开展人工标注。LabelImage 软件的样本采集模式是根据 YOLO 等目标检测算法对样本的需求模式进行设计的，以目标框的形式完成样本采集。LabelMe、CVAT 等软件则提供了语义分割样本标注模式，扩大了可生产的样本数据业务场景，可适应语义分割标注、线标注、点标注、视频标注等多种标注任务。这些专门用于深度学习样本采集的软件可以导出直接用于深度学习训练的样本数据，但其采集功能基于常规影像设计，不适应尺度更大且存在多个波段的遥感影像数据。Arc-GIS、QGIS 等 GIS 软件提供更为丰富的矢量编辑功能，且提供了更全面的遥感数据显示方式，可精细化采集用于语义分割、变化检测任务的样本数据，但所采集成果格式多为 ES-RI Shapefile（.shp），需要进行栅格转换才能够被深度学习框架所使用。

在作业模式方面，目前遥感影像样本数据集的生产主要有全人工标注与半自动标注两类作业模式。人工标注主要由技术人员对影像底图以目视解译方式完成信息提取，是目前最为广泛使用的作业模式。但多源遥感数据解译难度高，要求参与标注的作业人员具备一定的影像判读经验与相关专业知识，以纯人工方式完成大面积样本采集作业成本十分高昂。半自动标注则是通过已训练完成的智能解译模型对影像底图进行初步信息提取，再由技术人员通过专业软件进行编辑加工的作业模式。随着遥感智能解译模型精度的逐渐提高，半自动标注模式对样本标注效率的提升也逐渐提升，目前市场上已经出现如 EasyDA-TA、SSA－Engine 等提供智能标注支持的样本标注软件。半自动智能标注软件采用预设解译模型的方式，在用户选定区域进行快速解译，以提供地物范围矢量辅助人工标注，有效提升标注作业效率。而 SSA－Engine 通过配置 Segment Anything 等大模型进行半自动标注，将需要大量算力的 SAM 的骨干部分部署在服务端，将提示词分支与对象分割分支部署在本地，提升半自动标注的效率，SAM 半自动标注工具如附图 4－2 所示。将鼠标点击位置作为 SAM 的提示词，可以有效提取具有明显边界的对象并可对提取结果进行进一步的优化。该方式解决了语义分割模型难以检测出遥感分割对象的准确边界而导致目前大多数语义分割任务检测精度低、识别效果差的问题，有效改善了智能解译模型所提取的地物范围边界，减少了人工修改的工作量。

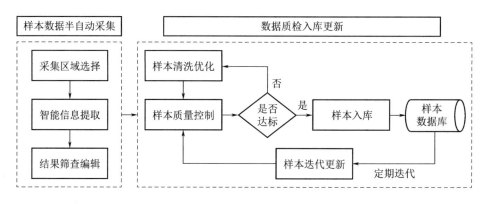

图 4－2　半自动样本采集技术流程图

半自动样本标注生产流程可分为数据采集与入库更新两个阶段。在数据采集阶段，首先需对业务目标进行分析，选择恰当的样本采集区域，适应现有智能解译模型开展有效信息的初步提取，并由专业技术人员进行结果筛查与编辑。在入库更新阶段，由质检人员对样本进行质量检查后入库归档，并对未达标样本进行清洗优化。此外，数据在入库后需根据业务发展情况进行定期优化，确保模型持续更新。作业流程如图 4－2 所示。

在具体采集规则方面，视样本数据集面向的业务场景不同，采集方法有较大差异。

（1）图像分类样本数据集：图像分类样本一般先将样本裁切为固定大小的小片，再采用描述场景类型的词语来对样本进行标注，如将小片样本描述为足球场、建筑物、森林等。

（2）语义分割样本数据集：语义分割样本采用与原始数据分辨率一致的分类图对样本进行逐像素标注，使用不同的灰度值对不同的地类进行区分。在采集生产过程中，语义分割样本数据集多采用 ArcGIS、QGIS 等地理信息系统软件进行地类矢量勾绘，再对矢量成果进行栅格化，得到逐像素的分类结果图。

（3）目标检测样本数据集：目标检测样本一般采用最小外接矩形框方式采集，根据矩形框的方向可分为水平框与旋转框两个标注类型。水平框标注指的是采用上下底边水平平行的最小外接矩形框来对目标进行标注的样本标注方式，是应用最为广泛的标注方式。对于车、船、飞机等形态不规则、各实例间差异较大的地物，采用水平框会导致框内背景类别占比过大，不利于开展目标检测模型训练。因此，可采用上下底边倾斜平行的最小外接矩形框，即旋转框的方式来对目标进行标注，以减少背景类占比，提高目标检测模型识别能力。

（4）变化检测样本数据集：变化检测样本数据集与语义分割样本数据集相似，均采用逐像素标注的分类图作为样本标签。变化检测样本数据集的采集需要比对前、后两个时相的影像数据，并采用地理信息系统软件进行变化区域的矢量勾绘，再将矢量成果栅格化为变化区域的逐像素分类图。

4.1.5 样本数据增广

受卫星重返周期、可用数据源、分辨率、生产成本等客观条件影响，样本数据库难以反映地类在复杂环境下的全部特征，这造成了在数据量较小时最终训练成果模型会出现过拟合现象。而数据增广方法试图从过拟合问题的根源——训练样本不足，来解决该问题。常用的数据增广方法可分为基本图像操作与深度学习方法两大类。基本图像操作指利用几何变换、色域变换、注入噪声等手段对影像数据进行处理的数据增强手段。深度学习方法则包括随着 GAN 为代表的生成式网络的兴起所诞生的一系列利用对抗生成、图像融合方式进行数据增强的方法。

1. 基本图像增广

基本图像操作包括几何变换、色域变换、注入噪声、局部擦除、影像混合等。基本图像操作的样本增广方法通过增加额外内存消耗、计算成本和额外的计算资源需求，来达到增强解译模型泛化能力的目的。

1）几何变换

几何变换是通过旋转、翻转、平移、裁剪等几何手段对样本数据进行增广的方式。在非遥感影像的样本学习任务中，这些样本增广方式容易实现，并在 ImageNet、CIFAR－10 等非遥感数据集中被证明有效。但在遥感影像数据中，采用几何变换进行数据增广的效果较为有限，因为在遥感尺度下，分类目标对于图像几何变换等操作并不敏感。几何变化的示例见附图 4－3。

2）色域变换

色域变换通过改变影像直方图的方式对图像颜色进行调整，以模拟不同光照条件下获取的过亮或过暗的图像数据。此外还可以调整图像的 RGB 颜色矩阵，以模拟不同色彩风格的样本。在遥感影像数据中，传感器型号、拍摄时间、拍摄时天气情况、匀色情况等均会影响影像的色彩风格，通过色域变换可以增强训练样本的泛用性。色域变化的示例见附图 4－4。

3）噪声注入

噪声注入是通过人为模拟图像获取时因传输误差、传感器误差等原因导致的干扰因素，以增强样本多样性的数据增广方式。在遥感数据的影像纠正过程中存在产生形变、拉花等噪声的可能，通过人为向样本数据中添加此类噪声，可增强模型在对存在形变、拉花的影像进行智能解译时的泛化能力。噪声注入的示例见附图 4－5。

4）局部擦除

局部擦除受到 Dropout、Dropblock 等数据正则化算法的启发，采用在输入数据中丢弃部分数据的方式进行样本增广，专门应对图像数据中可能存在的遮挡情况。局部擦除方法可迫使模型学习更多图像的描述性特征，防止模型过度拟合于图像的某种视觉特征，以避免输入存在遮挡的影像时产生的误差。局部擦除的示例见附图 4-6。

5）图像融合

图像融合是指将不同的样本通过随机裁切后再随机拼接进行混合的数据增广手段，图像融合所生成的样本数据对于人类而言往往没有价值，但能够有效提升深度学习网络对样本的泛化能力。除直接拼接外，还有以使用非线性方式进行图像组合的图像融合方法，均取得了更好的精度表现。线性融合与非线性融合的示例见附图 4-7。

2. 深度学习方法图像增广

受遥感数据特征与复杂性限制，采用基本图像操作方式对样本进行增广处理往往收效不佳。在许多遥感语义分割任务中，目标地物对于简单的几何变换、影像融合并不敏感，仅采用基本图像操作方式无法达到增强模型泛化能力的目的。基于深度学习方法的样本数据增广包括基于生成对抗网络的数据增广、神经风格迁移等，这类方法在计算资源开销上要较基本图像操作方式更大。

1）基于生成对抗网络的增广

生成对抗网络（GANs）是生成模型的一种，其采用对抗性训练方式创造与原始样本数据相似的人工样本实例。GANs 被认为是一种可从已有数据集中获取额外信息的方式，虽然 GANs 不是唯一一种生成式模型，但其在计算效率与生成质量方面都显著领先，可广泛应用于各类获取成本高、数据集生产制作难度大的遥感影像数据。目前，基于 GANs 的生成对抗网络在遥感影像数据生成、SAR 舰船目标检测、SAR 航空器目标检测等业务场景的样本数据增广中均已有研究应用。基于对抗生成的遥感数据的示例见附图 4-8。

2）神经风格迁移增广

神经风格迁移算法可以将一张内容图片与一张风格图片进行融合，让新的输出图像同时具有内容图片所提供的内容，以及风格图片所提供的样式风格。神经风格迁移提供了定向改变内容图像的亮度、纹理、艺术风格的能力，这使得数据集构建者可以根据自己需求的风格样式对内容图像进行变换。对于遥感数据而言，不同传感器往往带来截然不同的样式风格，通过神经风格迁移可以利用已有传感器的内容数据搭配较为罕见的传感器样式数据，增强解译模型对于罕见传感器类型影像数据的泛化能力。但神经风格迁移算法的缺点是若样式集规模太小，则不仅无法起到数据增广作用，还会导致数据进一步过拟合。神经风格迁移增广的遥感数据的示例见附图 4-9。

4.1.6 常用样本数据集

根据任务的不同，常用的遥感样本数据集可根据其所基于的遥感数据类型，划分为多光谱数据集、高光谱数据集、SAR 数据集等。

1. 多光谱样本数据集

多光谱样本数据集是应用最为广泛的数据集，目前已有的公开多光谱样本数据集已涵盖了大多数分辨率与解译业务场景。

部分多光谱公开样本数据集列表
表 4-2

名称	业务场景	样本尺寸（px）	分辨率（m）	样本数量	简 介
OPTIMAL-31	图像分类	256×256	0.3~0.5	1860	包含了从谷歌地图中收集的 31 类影像，每个类由 60 幅图像组成
UCG-Merced	图像分类	256×256	0.3	2100	含有 21 个类别，提取自 USGS 国家地图城市区域图像集
WHU-Building-AID	语义分割	512×512	0.3	8188	航空影像，主要包含建筑物类型
DLRSD	语义分割	256×256	0.3	2400	含有 17 个类
WHDLD	语义分割	256×256	0.3	4940	包含 6 个类，提取自 USGS 国家地图
GID Large scale Classification 5 classes	语义分割	7200×6800	0.8	150	包含建筑、林地、水、农用地、草地共 5 个类，主要来源于 GF-2、GF-1、JL-1、ZY-3 与哨兵 2A 卫星
LoveDA	语义分割	1024×1024	0.3	5987	包含 7 个类别，包括背景类、建筑、道路、水体、林地、裸地、农业用地，带有无数据类型区域
EuroSat	语义分割	64×64	10	27000	使用哨兵 2 采集的 13 波段影像，包括 10 个类别
38 Cloud：A Cloud Segmentation Dataset	语义分割	384×384	30	8400	使用 Landsat8 影像制作的云层分割数据集
MiniFrance-DFC22	语义分割	2000×2000	0.5	2322	为法国各地的航摄影像，包含 14 个地物类别
HTCD	变化检测	256×256 - 2048×2048	0.6~7.5	3772	分为无人机数据与卫星数据，覆盖基希讷乌及其周边地区，标记了包括建筑、道路和其他城市人造特征在内的变化
SYSU-CD	变化检测	256×256	0.5	20000	2007—2014 年香港地区城市变化，包含 6 个类型
Qfabric	变化检测	8192×8192	0.45	—	住宅建筑、商业建筑、工业建筑、过江公路、电网单元建设等类型
DOTA2.0	目标检测	800×800 - 2000×2000	0.1~1	11067	包含 18 个类别，包括 GE、GF-2、JL-1 等传感器
XView	目标检测	3000×3000	0.3	1413	包含 60 个类别，一百万个以上的目标

由表 4-2 可以看到，各公开数据集主要基于特定地区、特定数据源的数据进行构建，单一的开源数据集较难独自支撑业务开展，但可以作为样本数据库的良好补充。在具体应用中应分析开源数据集的分类体系，构建与样本数据库样本分类体系的映射关系，实现对公开数据集的充分利用。

2. 高光谱样本数据集

高光谱数据由于其光谱波段优势，可获取地物连续的光谱特征信息，实现对地物的精细分类。因此，高光谱公开数据集所针对的业务场景多为地物精细分类任务（表 4-3）。

部分高光谱公开样本数据集列表　　　　　　　　　　　表 4 - 3

名称	波段数量	样本尺寸（px）	分辨率（m）	样本数量	简介
Salinas scene	224	512×217	3.7	1	使用 AVIRIS sensor 传感器采集自加利福尼亚区域，包含多种作物类型在内的 16 个类别
Pavia Centre scene	102	1096×1096	1.3	1	使用 ROSIS sensor 传感器采集自帕维亚地区，包括水、树木、沥青质、自粘砖、沥青、瓷砖、阴影、草地、裸土共 9 类
KSC	176	512×614	18	1	使用 AVIRIS sensor 传感器采集自佛罗里达地区，包含多种作物类型在内的 13 个类别
Botswana	145	1476×256	30	1	使用 EO1 传感器采集自博茨瓦纳，包括水、河马草、河滩草地、芦苇、河岸、烧痕、岛屿、洋槐乔木、洋槐灌木丛、洋槐草地、短蝶翅树、混杂蝶翅树、玉髓共 13 类
Indian Pines	224	145×145、614×1848、2678×614	20	3	使用 AVIRIS sensor 传感器采集自印度东北部，包括紫花苜蓿、免耕玉米、少耕玉米、玉米、草地/牧草、草地/树木、草地/修剪的牧草、甘草料堆、燕麦、免耕大豆、少耕大豆、修剪后的大豆、麦子、树林、建筑-草-树木-机器、石-钢-塔共 16 类
XiongAn hyperspectral dataset	250	3750×1580	0.5	1	采用高分专项航空系统全谱段多模态成像光谱仪采集自雄安新区，包括水稻茬、草地、榆树、白蜡、国槐、菜地、杨树、大豆、刺槐、水稻、水体、柳树、复叶械、栾树、桃树、玉米、梨树、荷叶、建筑共 19 类
TG1HRSSC	54	512×512	5～20	204	天宫一号采集，共有城镇、农田、林地、养殖塘、荒漠、湖泊、河流、港口、机场共 9 类
WHU - Hi	270	550×400、1217×303、940×475	0.05～0.46	3	采用无人机 Headwall Nano - Hyperspec 传感器拍摄的洪湖、龙口、汉川地区的影像。包括玉米、棉花、芝麻、宽叶大豆、窄叶大豆、水稻、水、道路和房屋、杂草等类别，不同区域类别有所不同，最多含有 22 个类别
DFC2018 Houston	48	2384×601	1	1	拍摄于休斯敦地区，包括草地、常青树、落叶树、裸土、水、住宅、非住宅、道路、人行道、人行横道、主要道路、高速公路、铁路、停车场、未铺砌的停车场、汽车、火车、体育场座位、未分类等 19 类

受高光谱数据特性影响，高光谱公开数据集覆盖区域相对集中，样本数据波段丰富但图幅较小。在分类标注方面，高光谱数据集的数据标签颗粒度较精细，可精确到具体的作物种类。相较多光谱数据而言，高光谱数据受传感器类型的影响更敏感，不同传感器采集的高光谱数据难以混合使用。

3. SAR 样本数据集

SAR 数据由于其具有主动式、全天候的特点，被广泛应用在地质灾害、环境监测、军事目标检测等领域（表 4 - 4）。

部分 SAR 公开样本数据集　　　　　　　　　　　表 4-4

名称	业务场景	样本尺寸（px）	分辨率（m）	样本数量	简介
SSDD	目标检测	1024×1024	15	1160	仅有舰船一个类别，在 1160 张样本内共有 2456 个舰船目标
OpenSARship	目标检测	100×100	15	11346	由哨兵 1 采集的上海、深圳、天津、横滨、新加坡的船只目标
SAR-Ship-Dataset	目标检测	256×256	3～25	43819	以 GF-3、哨兵 1 为主要数据源构建的船舶目标检测数据集
AIR-SARShip	目标检测	3000×3000	1～3	31	由 31 景高分辨率 SAR 数据组成，包括港口、海面、岛礁等不同场景下的数千艘舰船目标
MSTAR-8class	目标检测	128×128	0.3	5950	采用 0.3m 雷达采集，包括装甲车辆、坦克、卡车等地面目标
Deep-SAR Oil Spill（SOS）	语义分割	1024×1024	15	6454	由 ALOS、哨兵-1A 采集的墨西哥湾、波斯湾的原油泄漏影像组成，标注了原油泄漏区域
WHU-OPT-SAR	语义分割	5556×3704	5	100	通过 GF-1 光学卫星影像与 GF-3 SAR 影像融合制作，覆盖面积 51448.56km^2，包括农田、城市、村庄、水体、林地、道路、其他等 7 个类别
SARBuD	语义分割	256×256	10	25000	有 25000 个建筑物的 SAR 图像块和相应数量的标注图像

SAR 数据集受可用传感器数量与类型的限制，公开数据集数量较少。不同 SAR 数据集之间采用的传感器与成像模式存在差异，因此样本同样缺乏共享互通的能力。

4.2　深度学习模型训练

样本库采集入库后，划分样本数据，形成训练集和测试集，至此，模型训练的样本数据准备工作已完成。接下来便进入到深度学习模型训练的环节。深度学习模型训练指的是基于深度网络模型，采取反向传播预测值与真实值误差，利用梯度下降方法，不断迭代计算更新模型参数，优化模型识别误差收敛至目标阈值。遥感场景下的识别地物和目标是多样和复杂的，所以模型架构的设计、输入数据的组织、输出层的后处理，也应当依据具体的识别任务的类型而确定。其中，模型架构的选型是模型训练中最关键的一环，层模块的选用、层模块的堆叠、层间的连接等因素会直接影响模型识别的效果，因此根据具体的业务精度、效率要求，合理地设计和选用架构是十分必要的；此外，超参数的优化也是重要的训练技术，如模型初始参数分布、学习率、衰减因子、训练批次、迭代次数等，合理设置和更新，将有效提升训练效果。

4.2.1　网络选择

深度学习网络是解译模型中最常用的算法架构，在研究的推进下其发展至今，已演变形成了各种形态的网络架构，如卷积神经网络、循环神经网络、transformer 等，而在遥感解译场景下构建深度学习网络识别模型，应当从业务场景和主干网络特性两个方面考量，确定最终的深度学习网络结构、模块、输入输出处理机制。

1. 业务场景

基本的图像视觉业务场景有图像识别、目标检测、语义分割，每一种识别的目标粒度不同，其分别对应图像级、目标级、像素级，因此根据具体业务的要求选择合适的业务场景是重要的。

在轮廓精度要求高的场景下，选用语义分割网络架构较为合适，经典的深度网络模型包括 SegNet、UNet、PSPNet、DeepLab 系列，Segformer 等，另外，还有结合目标检测特性的实例分割模型 Mask R-CNN，以上提及的模型各自都有自己的特点，同时，考虑数据集规模和分布情况，可自主优化和改造选定网络架构，以适应业务需求。

变化检测是遥感场景下的特色检测任务，通常利用不同时期覆盖同一地表区域，分析感兴趣的变化目标或区域，所以深度网络架构多基于孪生神经网络（SiameseNet）搭建，网络包含两个分支，并在特定层共享权重参数，此结构一方面利于形成一致性更强的特征抽取过程，一方面又提升了差异化解码能力，所以其相比于单路结构，具有较强的解释性和判别性。经典的孪生神经网络有，如 DASNet、DSCN，它们针对各种特定场景问题，进行专门结构优化，以达到需要的识别效果。

在目标实体可分的场景下，选用目标检测算法较为合适，按照检测流程可分为 One Stage、Two Stage、Multi Stage 三类。在同等条件下，Multi Stage 的算法其精度较高，如 R-CNN、SPPNet。Two Stage 的算法次之，如 Fast R-CNN、Faster R-CNN。若考虑识别精度和运行效率，则选择 One Stage 的算法，如 SSD、YOLOV1～V3。

2. 主干网络

主干网络的结构决定整个深度网络模型的特征融合、特征复用、特征抽取、信息前馈、误差反馈等基本能力，因此也需重点考虑选型。经典的基于 CNN 的网络，如 VGG、ResNet、DesNet、Inception，其识别精度较高，但计算量较大；而 MobileNet 系列、x-ception 网络使用可分离卷积，在保证识别精度的情况下，降低计算量，更适合快速推理。Transformer 是近年来快速发展的网络架构，不同于 CNN，其网络主要通过 Q、K、V 自注意力模块（SA，Attention）、多头注意力模块（MSA，Multi Self-attention）、全连接层搭建，形成一种全局语义位置嵌入的图像特征提取的机制，识别精度得到提升，但其模型参数规模较大，且对输入图像像素尺寸有严格要求，在某些场景不够具有弹性。总之，主干网络需根据具体的检测场景需求，以及样本数据集规模和现有的计算资源等因素的影响，综合考虑后再确定结构。

4.2.2 参数配置

模型训练在启动阶段有大量的参数配置，每一个参数值都与最终的训练结果紧密相关，选用不当的参数值将导致训练结果达不到预期指标，所以设定时，应当参考经验性强的数值初始化，确保训练过程平稳和收敛。以下是一些常见的参数及其解释：

（1）学习率（Learning Rate）：学习率是指模型在每次迭代中更新参数的步长。如果学习率设置得太小，训练速度会很慢，而设置得太大可能会导致模型无法收敛。通常建议从一个较小的值开始，然后根据训练情况进行调整，一般选择 0.1、0.01、0.001、

0.0001 开始。

（2）批量大小（Batch Size）：批量大小定义了模型一次处理的样本数量。较大的批量大小可以提高训练速度，但也可能导致内存不足或显存不足的问题。较小的批量大小可能会增加噪声，但有助于模型收敛到更好的局部最小值。选择合适的批量大小通常需要进行试验和调优。

（3）迭代次数（Epochs）：迭代次数指的是模型对整个训练数据集的完整遍历次数。增加迭代次数通常可以提高模型的性能，但也可能导致过拟合。可以通过监控验证集上的性能来确定是否需要增加迭代次数，以及何时停止训练。

（4）优化器（Optimizer）：优化器决定了模型如何更新参数以最小化损失函数。常见的优化器包括随机梯度下降（SGD）、Adam、RMSProp 等。选择合适的优化器通常需要考虑模型的结构和训练数据的特点。

（5）正则化（Regularization）：正则化技术可以帮助防止模型过拟合。常见的正则化方法包括 L1 正则化、L2 正则化和 dropout。通过在损失函数中添加正则化项或在网络中引入 dropout 层来应用正则化。

（6）数据增强（Data Augmentation）：数据增强是一种通过对训练数据进行随机变换来增加数据多样性的技术。例如，在图像分类任务中可以对图像进行随机旋转、平移、缩放等变换。数据增强可以提高模型的泛化能力，降低过拟合风险。

（7）学习率调度（Learning Rate Schedule）：学习率调度技术可以根据训练进展动态调整学习率。常见的学习率调度策略包括指数衰减、余弦退火等。这些策略可以帮助模型更好地收敛到最优解。

（8）模型检查点（Model Checkpointing）：在训练过程中保存模型的检查点可以在训练中断或崩溃时恢复模型，并且可以选择保存在验证集上表现最好的模型。这些参数配置方面的经验可以帮助更好地调整深度学习模型的训练过程，以达到更好的性能和效果。但请记住，最佳的参数配置通常需要通过实验和调优来确定，因为不同的问题和数据集可能需要不同的参数设置。

4.2.3 模型优化

1. 超参数优化

深度学习模型训练的超参数优化是一个至关重要的过程，旨在找到最佳的超参数设置，从而提高模型的性能和效率。超参数是在训练开始之前设置的参数，例如学习率、批量大小、优化器选择等。以下是一些常用的超参数优化方法和策略：

（1）手动调整：初学者通常首选手动调整超参数。这涉及基于经验和对问题的理解来选择超参数，然后根据模型的表现逐步进行调整。这种方法虽然费时，但可以帮助研究人员深入理解不同超参数对性能的影响。

（2）网格搜索（Grid Search）：网格搜索是一种系统地遍历多种超参数组合的方法。通过定义一个超参数的网格，然后训练每一个超参数组合的模型，最终选择表现最好的组合。这种方法虽然简单直观，但计算成本很高，特别是当超参数空间较大时。

（3）随机搜索（Random Search）：随机搜索与网格搜索类似，但不是系统地测试所有可能的组合，而是在超参数空间中随机选择组合。研究表明，当超参数空间很大时，随机搜索在很多情况下能够比网格搜索更快地找到更优的解。

（4）贝叶斯优化：贝叶斯优化是一种基于贝叶斯统计的优化方法，可以智能地选择下一组超参数以探索或利用模型性能。它使用了一个代理模型（如高斯过程）来估计每个超参数组合的性能，并在每一步尝试改进代理模型预测的最佳性能点。这种方法特别适用于超参数空间庞大且计算资源有限的情况。

（5）遗传算法：遗传算法是一种启发式搜索算法，受自然选择和遗传学的启发。它通过模拟生物进化过程（如选择、交叉和突变）来优化超参数。遗传算法不需要梯度信息，适合于复杂或非凸的超参数空间。

（6）超参数优化工具：目前有许多工具和库可以帮助进行超参数优化，如 Hyperopt、Optuna、Scikit-Optimize 等。这些工具满足了多种优化算法的实现，并易于集成到现有的机器学习工作流中。

优化超参数的目的是找到一组参数，这些参数可以在保证模型准确性的同时提升训练效率。由于每个数据集和问题的性质不同，合适的超参数组合也可能会有所不同，因此这通常需要多次实验和验证来确定。

2. 网络结构优化

深度学习模型的网络结构优化是指设计和调整模型的结构，以提高其性能和效率。以下是一些常见的网络结构优化方法和策略：

（1）层的选择：在设计模型时，选择合适的层类型对模型的性能至关重要。例如，对于图像分类任务，常用的层包括卷积层、池化层和全连接层；而对于序列数据，如自然语言处理任务，常用的层包括嵌入层、循环神经网络和长短期记忆网络（LSTM）等。

（2）层的数量和宽度：网络的深度和宽度是两个重要的结构参数。增加网络的深度和宽度可以增加模型的表达能力，但也会增加训练和推理的计算成本。因此，需要权衡深度和宽度对性能和效率的影响，并根据具体任务进行调整。

（3）残差连接（Residual Connections）：残差连接是一种通过跨层直接连接来解决深度神经网络训练中的梯度消失和梯度爆炸问题的方法。它可以帮助信息在网络中更快地传播，加速训练过程，并提高模型的性能。

（4）注意力机制（Attention Mechanism）：注意力机制允许模型在处理序列数据时动态地关注输入的不同部分。通过引入注意力机制，模型可以更好地捕捉输入之间的依赖关系，提高模型在序列任务中的性能。

（5）正则化和规范化：正则化和规范化技术可以帮助防止模型过拟合。例如，批量归一化（Batch Normalization）可以加速训练过程并提高模型的稳定性，而丢弃（Dropout）可以随机地丢弃网络中的部分单元，减少过拟合风险。

（6）参数共享：在某些情况下，可以通过参数共享来减少模型的参数数量。例如，在卷积神经网络中，通过共享卷积核来提取图像的局部特征，可以显著减少参数数量并提高模型的泛化能力。

（7）网络剪枝（Network Pruning）：网络剪枝是一种通过移除模型中不重要的连接或层来减少参数数量和计算量的方法。剪枝可以在训练之后进行，也可以与训练过程同时进行，以达到更好的效果。

（8）模型蒸馏（Model Distillation）：模型蒸馏是一种通过训练一个较大、复杂的模型来指导训练一个较小、简单的模型的方法。通过利用大模型的预测结果作为辅助信息，可以帮助小模型更好地学习和泛化。

通过优化模型的网络结构，可以提高模型在特定任务上的性能和效率，从而更好地满足实际应用的需求。然而，网络结构优化通常需要一定的经验和实践，以及对特定任务和数据集的理解。

4.2.4 网络后处理

深度学习网络的后处理部分是一个关键步骤，用于优化模型的输出并提高预测的准确性和鲁棒性。这一过程首先涉及网络从输入数据中提取特征，并基于这些特征进行初步预测。然而，由于输入图像的数据质量、内容的复杂性、目标的形态和尺度，以及网络架构的敏感性，初步预测结果可能会包含噪声、离群点或孤立团簇。

为了克服这些问题，引入了多种后处理技术。其中，形态学操作如腐蚀和膨胀是基础方法，它们有助于改善图像的局部特征。更常用的方法是使用全连接的条件随机场（CRF），它通过利用全局上下文信息，对整个图像进行联合推断，从而优化预测结果。CRF 能够锐化模糊的边缘，产生更清晰的边界，并去除噪声，排除局部的错分。

CRF 的核心优势在于其能够在低级别的图像特征上进行相似度比较。它利用色彩、梯度等特征信息，合并相似度高的区域内的类别像素，同时分离相似度低的区域，从而纠正分割结果中的错误。例如，在图像分割任务中，如果天空和树木的颜色特征差异较大，CRF 能够识别这种差异，并在分割结果中正确地区分它们，即使初步预测可能存在相互错分的情况。通过这种方式，CRF 显著提高了模型的整体性能，使其在处理复杂图像和数据时更加可靠和精确。

4.2.5 模型评估

模型训练完成后，一般会开展模型评估工作，这一步骤至关重要，用于检测模型的性能表现。接下来，将详细介绍在这一过程中常用的评估指标，这些指标有助于量化模型的准确性、泛化能力。

1. 准确率（Accuracy）

准确率指分类任务中模型正确分类的样本数量与总样本数量之比。这是最基本的评价指标之一，但在样本类别不平衡的情况下可能不够全面。

$$Accuracy = \frac{TP + TN}{TP + TN + FP + FN} \qquad (4-1)$$

式中，TP 表示正确分类的目标像素数量，FN 表示错误分类的目标像素数量，FP 表示错误分类的非目标像素数量，TN 表示正确分类的非目标像素数量，接下来介绍的公式中，各个参数的具体含义与这里相同。

2. 精确率（Precision）

精确率指模型在预测为正类别的样本中，真正为正类别的比例。精确率衡量了模型的预测准确性，特别适用于关注减少假阳性的任务，反映错误识别情况。

$$Precsision = \frac{TP}{TP + FP} \qquad (4-2)$$

3. 召回率（Recall）

召回率指真正为正类别的样本中，模型正确预测为正类别的比例。召回率衡量了模型找到所有正例的能力，特别适用于关注减少假阴性的任务，反映遗漏识别情况。

$$Recall = \frac{TP}{TP+FN} \tag{4-3}$$

4. F1 分数（F1 score）

F1 分数是精确率和召回率的调和平均值，可以综合衡量模型的性能。F1 分数在同时考虑了精确率和召回率时特别有用。

$$F1\ score = 2\frac{Precision \times Recall}{Precision+Recall} \tag{4-4}$$

5. 交并比（IOU）

IOU 在语义分割和目标检测任务中是常用的评估指标，即语义分割的 IOU 是预测区域与标注区域的交集与并集之比，目标检测的 IOU 是预测框与标注框的交集与并集之比，其数值越大表明该模型的识别效果越好。

$$IOU = \frac{TP}{TP+FP+FN} \tag{4-5}$$

6. 平均交并比（MIOU）

MIOU 在语义分割和目标检测任务中也是常用的评估指标，在不同类别的 IOU 中取其平均值，其数值越大表明该模型的识别效果越好。

$$MIOU = \frac{\dfrac{TP}{TP+FP+FN}+\dfrac{TN}{TN+FN+FP}}{2} \tag{4-6}$$

5

遥感影像智能处理与解译应用系统

　　针对南方复杂场景遥感图像中地理信息要素提取过程存在人力投入大、成本高、效率低、解译难的问题，有必要构建南方地区遥感图像生产、解译、应用全链条的技术应用服务体系，建设符合业务需求的智能化程度高的应用系统，实现遥感影像快速、标准化生产、地理信息智能化提取和精准化服务，既满足现阶段耕地保护、粮食安全、生态文明建设等国家重大决策落实对智能遥感监测技术的应用需求，也同时促进深度学习与遥感、地理信息等技术的深度融合并实现工程化应用。

5.1　需求分析

　　现市场上商业性的遥感图像处理软件种类、款型很多，在一些遥感图像专业处理单位或机构应用也非常好，但面向南方复杂场景遥感影像处理时存在不足，且对于多数的遥感应用单位工作人员而言，技术门槛略高，需要较多的专业培训且经常作业才能较好使用，智能化和大众化程度不够。因此，面向南方复杂场景遥感影像智能处理与解译的应用系统其建设重点应考虑以下几个方面：

　　（1）在功能设计上偏重影像成果应用方面的处理需要，比如自动识别云区、去云镶嵌、快速裁切等智能化应用功能。

　　（2）在处理流程上要减少人机交互，且操作简单、出错率低，适合多数遥感应用人员使用。

　　（3）要针对南方地区获取的多源数据类型和山区或植被茂盛区影像匹配问题，定制专门的纠正、处理算法、模型或参数，实现影像处理精度的提升。

　　（4）在遥感图像智能解译方面，应充分考虑遥感信息提取与应用需要，具备智能解译、图斑筛查、应用分析、解译模型管理等多方面的功能。

　　（5）系统应具备较强开放性和适应性，可实现其他应用系统接入，支持多种解译任务，如影像分类、地物分割、目标检测、变化检测等。

5.2　系统架构

　　建议的系统架构包括开发及部署环境、系统关键技术、功能模块设计和应用服务等，如图 5-1 所示。

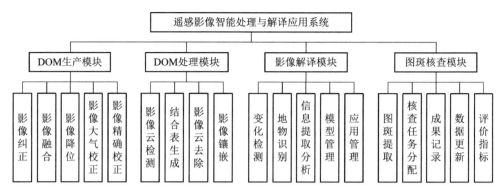

图 5-1　遥感影像智能处理与解译应用系统架构

5.3　开发及部署环境

选择合适的开发和部署环境，可以提高遥感影像快速处理桌面软件的开发效率和运行性能，确保软件在多种操作系统和硬件配置下的稳定性和兼容性。

5.3.1　开发环境

1. 编程语言

（1）Python：由于其强大的库支持（如 NumPy、Pandas、GDAL、OpenCV 等）以及广泛的社区资源，Python 是进行图像处理和数据分析的首选语言。

（2）C++：在需要高性能计算和内存优化的部分，C++提供了卓越的执行效率，适合开发底层图像处理算法和性能关键组件。

（3）C#：强大的面向对象、内存安全的通用编程语言，丰富的生态库和易于学习的特点使其适用于桌面应用程序、游戏和科学计算等领域，C#自然也很适合应用于图像处理。

（4）Java：是一种面向对象的编程语言，具有跨平台的优势，广泛应用于企业级应用的开发。Java 的强类型系统和丰富的库使其成为开发高性能、可扩展系统的理想选择。

2. 深度学习框架

深度学习在遥感图像解译中扮演着关键角色，常用的深度学习框架包括：

（1）TensorFlow：由谷歌开发的开源框架，提供了灵活的模型构建和部署能力，广泛用于研究和生产环境。TensorFlow 的强大工具集和丰富的社区资源使其成为深度学习应用的首选。

（2）PyTorch：由 Facebook 开发，因其动态计算图和灵活性而备受研究人员青睐。Py-Torch 在开发和调试过程中提供了极大的便利，尤其适合快速原型设计和实验。

（3）MXNet：由 Apache 基金会支持的深度学习框架，以其高效的性能和分布式训练能力闻名。MXNet 支持多种编程语言，并且具有良好的扩展性，适合大规模深度学习任务。

3. GIS 框架

地理信息系统（GIS）技术在遥感图像解译中至关重要，常用的 GIS 框架包括：

（1）GDAL：地理空间数据抽象库（Geospatial Data Abstraction Library），提供了丰富的地理数据格式支持和处理能力，是遥感图像处理的基础工具。

（2）OSGeo：开源地理空间基金会（Open Source Geospatial Foundation）支持的多个GIS项目集合，包括了丰富的GIS工具和库，如PostGIS、QGIS等，为遥感图像解译提供了全面的支持。

4. Web 开发框架

为了实现遥感图像解译系统的在线展示和交互功能，选择合适的Web开发框架是必要的，常用的框架包括：

（1）Django：一个高层次的Python Web框架，提供了简洁而强大的管理后台、ORM和路由系统，适合快速开发和部署Web应用。

（2）Spring Boot：基于Java的微服务框架，提供了灵活的配置和强大的功能，适合构建高性能、可扩展的Web应用。

（3）Vue. js：一个流行的JavaScript框架，专注于构建用户界面。Vue. js以其简洁、易学、渐进式的特点，成为前端开发的热门选择，适合构建响应式、动态的Web界面。

5. 开发工具

（1）PyCharm：JetBrains开发的集成开发环境，提供了强大的代码编写、调试和测试功能，适合Python开发。

（2）Visual Studio：微软开发的集成开发环境，适用于C++编写和调试，同时支持多种编程语言和扩展，便于跨语言开发。

（3）Visual Studio Code：VS Code是一款由微软开发且跨平台的免费源代码编辑器。它支持多种编程语言，包括TypeScript、Python、C#等，并提供了丰富的插件和调试工具，可用于开发Web应用程序、桌面应用程序、移动应用程序等不同类型项目。

6. UI 框架和工具

（1）. NET：支持C#语言，集成Visual Studio开发环境，提供友好的开发界面和丰富的开发工具。丰富的控件和功能：涵盖网络开发、桌面开发、游戏开发等多个领域。良好的社区支持：拥有庞大的开发者社区，易于查找解决方案。适用于基于Windows平台、需要快速开发原型、需要与其他微软产品集成开发的场景。

（2）Electron：支持JavaScript、HTML、CSS等语言。基于Web技术：前端开发人员可以轻松上手。支持跨平台，可用于Windows、MacOS、Linux等多种操作系统。可以使用现有的Web前端框架和库进行开发，开发效率高。适用于需要快速开发跨平台桌面应用程序，或者前端开发人员开发桌面和需要将Web页面转为桌面的场景。

7. 版本控制

Git：采用Git进行版本控制，可以确保代码的可追溯性，方便团队协作和版本管理。推荐使用GitHub、GitLab或Bitbucket进行远程代码托管，便于分布式团队协作。

8. 构建工具

（1）CMake：跨平台的构建系统，适用于C++项目的编译和链接管理。

（2）pip：Python包管理工具，用于安装和管理项目依赖的Python库。

9. 测试框架

（1）PyTest：适用于Python的测试框架，简洁且功能强大，支持单元测试、集成测试和功能测试。

（2）Google Test：适用于 C++的测试框架，提供丰富的断言和测试工具，支持自动化测试和回归测试。

5.3.2 部署环境

1. 硬件配置

遥感图像智能解译系统需要高性能的硬件配置，以支持大规模数据处理和复杂算法运算。以下是一些常见的硬件配置建议：

（1）多核 CPU：建议使用至少 16 核的 CPU，以提供足够的计算能力。

（2）大容量内存：建议使用至少 64GB 的内存，以支持大型数据集的加载和处理。

（3）高速存储设备：建议使用固态硬盘（SSD）或 NVMe 存储设备，以提高读写速度。

（4）高性能 AI 芯片：例如 NVIDIA GPU、谷歌 TPU 芯片或者其他 AI 加速芯片。GPU 是最常用的 AI 芯片，GPU 数量取决于具体应用的需求，通常情况下，配备多块 GPU 可以进一步提高处理效率。

（5）建议使用千兆或万兆以太网网络设备，以提供高带宽和低延迟的网络环境。如果需要支持多节点协同工作，还需要考虑使用高性能的交换机或路由器。

（6）根据具体需求，可能还需要配备其他硬件设备，例如高分辨率显示器、打印机等。

2. 软件平台

系统的软件平台包括操作系统、数据库管理系统等。以下是一些常用的软件平台建议：

（1）Linux 操作系统：具有良好的稳定性和安全性，并且支持多种开源软件。

（2）Windows 操作系统：具有良好的用户界面和易用性，并且支持多种商业软件。

（3）PostgreSQL 数据库：是一款开源的、功能强大的关系型数据库管理系统。

（4）MySQL 数据库：是一款开源的、流行的关系型数据库管理系统。

3. 依赖环境

（1）Python 环境：确保安装 Python 3. x 版本，配置虚拟环境（如 venv 或 Conda）管理项目依赖。

（2）C++环境：安装 GCC 或 Clang 编译器，确保 C++代码的编译和执行。

4. 容器化部署

Docker：使用 Docker 容器化技术，可以创建一致的开发和运行环境，便于软件的部署和分发，确保在不同系统上的运行一致性。

5.4 系统关键技术

5.4.1 数字正射影像（DOM）生产关键技术

重点解决南方复杂场景遥感影像处理弱特征匹配、多源数据融合中色彩失真及细节丢失等问题，主要技术点在于：

1）基于深度学习的影像纠正方法研究与实现。包括：

（1）特征点提取方法，主要实现图像中的显著特征点提取，如角点和边缘，在复杂影像中提供稳定的特征，用于后续的匹配过程。

（2）特征点匹配方法，主要实现不同影像中的相同特征点匹配，确定图像间的相对位置和变形。

（3）像素坐标转地理坐标方法，主要实现将匹配的特征点从图像的像素坐标转换为实际的地理坐标，实现影像数据在地图上的精确定位。

2）兼顾色彩与细节的影像融合方法研究与实现。包括：

（1）引导滤波：使用高分辨率全色图像作为引导图，平滑多光谱图像的非边缘区域，同时保留图像的重要结构特征。

（2）协方差权重计算：计算协方差权重以确定全色图像与多光谱图像中相应像素的相似度，指导融合算法优先考虑与全色图像特征匹配较好的区域。

（3）细节注入：将从全色图像中提取的细节信息注入多光谱图像中，调整多光谱图像的局部对比度和纹理细节，使其在保持原有色彩信息的同时，获得接近全色图像的空间分辨率。

5.4.2 数字正射影像（DOM）后处理关键技术

重点解决南方复杂场景海量多源影像无云一张图智能化生产关键问题，主要技术点在于：

1）云检测

基于特征多尺度感知与自适应聚合的遥感影像云检测方法，通过深度学习技术在多个尺度上感知和聚合特征，提高云检测的准确性和稳定性。关键技术包括：

（1）多尺度特征提取：使用卷积神经网络（CNN）从遥感影像中提取不同尺度的特征，捕获图像的局部细节和全局上下文。

（2）尺度变换网络：动态调整特征图，以适应云的各种形状和大小，处理云层的多样性和复杂性。

（3）特征融合策略：自适应地融合不同尺度的特征，基于特征的重要性自动调整权重，提高检测性能。

（4）注意力机制：强调重要特征，抑制不相关信息，进一步提高云检测的准确性和对复杂场景的适应能力。

2）云去除

云去除是遥感图像处理中的一项重要技术，用于提高地面特征的可见性和可用性。基于深度学习模型，智能去除遥感影像中的云层，恢复云遮挡区域的细节和色彩。关键技术包括：

（1）深度生成模型：使用生成对抗网络进行云去除，训练一个生成器来生成无云影像，同时训练一个判别器来区分真实无云影像和生成的无云影像。通过对抗训练，使生成器能够生成逼真的无云影像。

（2）编码-解码网络：采用编码-解码器结构，通过下采样和上采样层逐步提取和恢复影像细节，并添加跳跃连接，保留高分辨率的细节信息，提高生成影像的质量。

（3）多重损失函数：在对抗损失的基础上，结合多种损失函数，如像素级损失、感知损失、对抗损失和边缘损失等，综合优化模型性能，平衡生成影像的细节和整体一致性。

3）影像镶嵌

影像镶嵌是将多幅相邻影像拼接成一幅无缝整体图像的技术，广泛应用于大区域的地图制作和环境监测。关键技术包括：

（1）影像配准：通过 SIFT、SURF、ORB 等算法提取影像特征点，并使用 RANSAC 等算法进行特征匹配，根据匹配的特征点计算影像间的几何变换参数（如平移、旋转、缩放等），进行精确的影像配准。

（2）重叠区域处理：在重叠区域中选择最佳拼接缝，利用动态规划算法或图割算法优化拼接缝的位置，避免明显的拼接痕迹。

（3）颜色校正：通过直方图匹配等方法，调整影像间的色调和亮度，消除由于不同成像时间、传感器等因素导致的色差，确保影像间颜色一致。

（4）多分辨率支持：支持多分辨率影像的拼接，确保在不同尺度下的拼接效果一致。

5.4.3 遥感影像智能解译关键技术

深度学习模型训练是遥感解译系统的关键技术，其为系统建立具体的遥感地物监测业务能力，直接生产专门的遥感解译模型。模型训练主要涉及深度学习网络架构、特征增强模块嵌入、误差优化策略。

（1）深度学习网络模型架构定型：充分调研业务需要的检测对象以及范围的精细程度后，着重考量检测任务类型和主干网络选型两方面内容。因为，图像视觉场景任务类型的定型，直接决定深度学习网络模型的输出结果，所表示的尺度内容信息；而主干网络则确定基本的识别精度和推理效率。

以变化检测为例，本系统基于孪生卷积神经网络，并结合多尺度差异特征融合模块，开发变化检测解译模型，其主干网络启用的是 ResNet-50，在网络的特征提取阶段，由于共享权重参数的特点，增强图像特征表示的一致性，而在两个特征语义判别分支中，经由不同的卷积层堆叠和跨层融合后形成独立特征图，特征图差分后继续混合得到更高级的语义信息，此结构设计有效地提升了识别效果。

（2）特征增强模块嵌入：深度学习网络融合特征增强模块优化和改造网络架构是一种常用技术，全局注意力模块、平均注意力模块、自注意力模块等是常见模块。

本系统开发的卷积神经网络架构中，基于时空自注意力机制模块，改进网络模型对目标尺度不敏感的问题。其是一种时空自注意力模块，可以对任意时空关系进行建模，计算不同时间和位置的任意两个像素之间的注意力权重。网络中嵌入模块至每个卷积阶段，构造不平衡的权重特征图，作用于原始特征图，并通过卷积层进一步融合和抽取特征信息，达到特征增强的效果，最终使得模型减少因光照、配准误差造成的伪变化的影响。

（3）误差优化策略：不同的误差损失函数，直接影响模型训练平稳和收敛性，以及最终训练精度。

系统训练深度网络模型过程中，采用了基于加权二值交叉熵损失执行监督训练。以变化检测为例，实际的样本情况、变化区域样本数量是不足的，因此正样本的梯度占比过小，使得深度网络在训练的过程中倾向于学习负样本而忽略正样本，导致召回率偏低且训练速度慢。顾及实际应用中对变化监测召回率有较高的要求，使用加权二值交叉熵损失构建模型，调整模型对召回率与准确率的惩罚，在保证一定准确率的情况下减少变化监测模型的漏检现象。

5.5 功能模块设计

5.5.1 影像生产模块

面向南方复杂场景遥感影像处理的特色算法或技术集成应用，提供分步、单景和批量化、智能化生产功能，实现南方复杂区域遥感影像标准化、智能化生产。DOM 生产模块包括影像纠正处理、影像融合处理、影像降位处理、大气校正处理、影像精确校正处理。

1. 影像纠正处理

支持几何校正、图像配准等方法，对遥感影像的几何畸变进行校正，减少后期由于几何畸变而产生的误差。面向南方地区遥感影像弱匹配问题，研究基于深度学习的影像匹配技术，改进处理精度。

2. 影像融合处理

将具有相同坐标系的遥感影像进行影像融合，提高影像分辨率、增强细节、调整色彩平衡，生成更具视觉冲击力和逼真度的遥感影像。

3. 影像降位处理

降低遥感影像分辨率，减少数据量，以便于存储和传输。

4. 大气校正处理

基于大气传输模型，模拟太阳光在太阳—地表—传感器的传输过程，恢复地物原貌。

5. 影像精确校正处理

根据影像间的同名点，对目标影像进行变换，使之与参考影像对齐，使得目标影像和参考影像具有相同的几何地理位置。

5.5.2 影像处理模块

满足用户在遥感影像云区提取、去云、镶嵌等方面的多种应用需求，定制影像云检测、结合表生产、影像云去除、影像镶嵌功能等 DOM 后处理模块。提供多种策略，用户可根据不同需求选择适合的策略对遥感影像进行处理，如一键处理、分步处理、快速镶嵌、匀色镶嵌等。在设计影像输入功能时，由于影像数量较多，应该重点考虑用户输入影像的便利性。

1. 影像云检测

自动识别和提取遥感影像中的云层，分析和处理云遮挡的遥感影像，提高遥感图像分析的准确性和可靠性。

2. 结合表生成

支持将云检测的含云的图斑，使用其他无云图斑影像进行补充，并根据实际需求区域，生成矢量结合表，方便后续影像镶嵌。

3. 影像云去除

能够去除遥感影像中的云层，恢复云遮挡区域的细节和色彩，使遥感影像更真实、清晰，增强了影像的可视化效果。

4. 影像镶嵌

支持高分辨率遥感影像的拼接需求。

5.5.3 影像解译模块

1. 影像数据校验

（1）支持多种遥感图像数据格式的读写，包括 TIFF、ERDAS IMAGE、ENVI、JPEG2000 等。

（2）能够对数据进行格式转换，例如将不同格式的遥感图像数据转换为统一的格式。

（3）能够对数据进行质量检查，例如检测图像是否存在缺失、畸变等问题。

2. 影像数据增强

（1）数据裁切是提取用于训练和验证模型的数据样本的过程。其方式包含滑动窗口裁切、随机裁切等，尺寸可以设置为 256×256、512×512 等。

（2）图像增强旨在改善图像的视觉效果或提高图像中某些特征的可识别性，以便进行后续的分析和解释，例如直方图均衡化、卷积滤波、形态学滤波等方法。

（3）数据增广通过生成新的训练样本来增加数据集的多样性，有助于提高模型的泛化能力和减少过拟合，例如旋转、缩放、翻转、噪声添加、模糊等方法。

3. 模型管理

（1）支持多种深度学习模型的训练和部署，例如 SegNet、UNet、PSPNet、DeepLab 等。

（2）模型定义：支持自定义模型结构和参数。

（3）数据加载：支持加载训练和验证数据集。

（4）模型训练：支持使用各种优化算法和数据增强策略训练模型。

（5）模型评估：支持使用多种评价指标评估模型性能，例如精度、召回率、$F1$ 值等。

（6）模型选择：根据评估结果选择最优模型。

4. 解译层模块

（1）支持多种遥感图像解译任务，例如图像分类、目标检测、语义分割等。

（2）模型加载：支持加载训练好的深度学习模型。

（3）图像预处理：对输入图像进行预处理，使其符合模型的输入要求。

（4）模型推理：利用深度学习模型进行图像解译，得到预测结果。

（5）结果后处理：对解译结果进行后处理，例如去除孤立像素、平滑边界和矢量化等，以提高解译结果的精度和视觉效果。

5. 解译应用

（1）提供简洁易用的用户界面，方便用户操作。

（2）支持数据输入：用户可以导入遥感图像数据，并选择要进行的解译任务。

（3）支持参数设置：用户可以设置各种解译参数，例如模型选择、阈值等。

（4）支持结果显示：将解译结果以直观的形式呈现给用户，例如图像、表格等。

（5）支持交互操作：用户可以对结果进行交互操作，例如放大、缩小、平移等。

5.5.4　图斑核查模块

1. 核查流程

（1）图斑提取：系统自动解译出来的变化图斑里存在着一定数量的伪变化图斑，而图斑核查模块所要做的则是对解译结果进行去伪存真。

（2）数据预处理：对提取的图斑进行预处理，包括裁剪、增强和标准化，以便于核查。

（3）核查任务分配：将图斑核查任务分配给相应的核查人员，支持在线和离线核查。

（4）现场核查：核查人员根据分配的任务，进行现场核查，收集必要的地面真实数据。

（5）结果记录：核查人员记录核查结果，包括图斑的位置、大小、类型和任何异常情况。

（6）数据更新：根据核查结果更新遥感数据库，包括修正错误和添加新的信息。

2. 技术实现

（1）用户界面：设计直观的用户界面，支持图斑的显示、选择和编辑。

（2）核查工具：提供一套核查工具，包括标注、测量、注释和图像对比。

（3）数据同步：确保核查数据能够实时或定期同步到中央数据库。

（4）质量控制：实施质量控制机制，包括核查结果的审核和验证。

3. 核查策略

（1）随机抽样：对遥感影像进行随机抽样，以评估图斑提取的准确性。

（2）重点区域核查：对敏感或重要的区域进行重点核查，以确保数据的高准确性。

（3）周期性核查：定期对图斑进行核查，以跟踪变化和更新信息。

4. 性能指标

（1）核查效率：评估核查模块的处理速度和用户操作的便捷性。

（2）核查精度：通过对比地面真实数据和遥感数据，评估核查结果的准确性。

（3）用户满意度：通过用户反馈，评估核查模块的易用性和实用性。

6 ≫ 应用实践

深度学习技术在遥感领域的应用将日益广泛，目前该技术已在自然资源、水利、环保、交通、农业等多个行业进行了不同程度的应用。本书重点以在广西地区的应用实践为例，介绍在自然资源监测、农业调查、森林资源监管、海岸带监测等业务领域中应用深度学习技术实现南方多云雨及复杂地形地貌区域遥感图像解译的做法、流程和应用效果。

6.1 自然资源监测监管

卫星遥感技术结合遥感图像深度学习解译的能力，在自然资源监测监管方面应用较为广泛、深入，这一技术在耕地保护、矿产资源开发等政策背景下的应用，不仅提高了监测的效率和精度，而且成为推动自然资源部统一行使全民所有自然资源资产所有者职责和统一行使所有国土空间用途管制和生态保护修复职责的重要手段和基础支撑。

6.1.1 综合监测监管

1. 业务需求

第三次全国土地调查后，自然资源部出台了《自然资源调查监测体系构建总体方案》，提出以空间信息、人工智能、大数据等先进技术为手段，构建高效的自然资源调查监测技术体系，常规开展年度全覆盖遥感监测与国土变更调查，以及日常变更调查、上半年自然资源监测、土地卫片执法日常监测、年度全国林草湿调查监测等工作。自然资源综合监测监管是掌握自然资源自身变化及人类活动引起的变化情况的一项工作，实现"早发现、早制止、严打击"的监管目标，也是提升自然资源管理水平的重要基础和实现国土利用精细化管理的重要支撑。自 2021 年起，广西自然资源厅以第三次国土调查数据为基础，部署开展了自然资源综合监测监管工作，利用卫星遥感、无人机、人工智能、大数据等新技术，构建"天空地人网"立体监测体系，对建设用地批后实施、露天矿山开发利用、耕地"非农化"、违法用地案件线索、重大项目用地、城乡建设用地增减挂钩、临时用地批后实施、设施农业用地、国土空间规划约束性指标执行情况、全域土地综合整治试点推进情况等开展综合监测，及时掌握自然资源变化信息，建立"主动发现、季度小结、年度总结"的自然资源综合监测监管工作机制。

广西自然资源遥感院开展了基于卫星影像的智能遥感解译和变化检测技术研究，建设了具有广西区域特色的多源遥感样本库，自主研发高精度变化检测模型和多源遥感智能识别业务生产管理平台——"译快查"（IQC，Interpretation Quickly Checking），将基于多源遥感影像数据的人工智能变化图斑快速提取技术应用于广西壮族自治区级遥感监测常态业务工作。利用最新卫星遥感影像和航空遥感影像，通过智能提取技术自动提取监测区域变化图斑，经过内业人工分析、去除伪变化和非监测类变化图斑、套合相关业务数据进行综合分析分类，并结合实际情况通过"无人机"、实地拍照等举证方式对变化图斑进行外业核实，形成各类任务清单推送省级自然资源业务部门和市县级自然资源主管部门，支撑常态化开展自然资源监测监管工作。

2. 技术路线

充分收集卫星遥感影像，针对自然资源综合监测对象建立智能遥感解译样本数据库，训练模型和测试精度，经过多次迭代优化形成稳定的高精度变化检测模型。准备遥感影像和业务专题数据，利用深度学习提取技术，通过不同时相影像比对，开展变化图斑快速提取。深度学习提取的变化图斑结合内业人工分析，去除"伪变化"后形成变化图斑。将提取的变化图斑套合相关业务专题数据进行综合分析，剔除正常变化图斑，按监测对象分类形成监测图斑，建立监测图斑信息表。影像能够清晰判定变化情况的，直接纳入任务清单；影像难以清晰判定变化情况的，制作外业指引图斑，并开展外业调查核实，对无法通过内业准确判别图斑变化情况的，开展外业调查核实工作。通过自然资源综合监测监管服务平台按监测对象分类分期开展统计汇总分析工作。综合监测监管流程如图6-1所示。

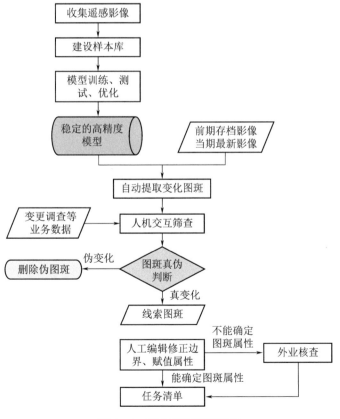

图6-1 综合监测监管流程

3. 成效分析

采用深度学习变化检测模型对前后两个时相的影像进行识别，提取变化的区域应用于推填土、新增库塘、耕地变林地、林地变耕地和新增光伏用地变化识别，识别结果见附图6-1至附图6-5。

智能遥感技术在自然资源综合监测监管中的应用具有重要意义和广阔前景。常态化提取变化图斑，有力支撑省市县及时掌握自然资源底图底数和变化情况，实现了对自然资源要素的实时动态监测监管，为科学研判自然资源变化情况和发展趋势，自然资源管理提供数据支持；通过利用监测变化图斑，动态更新土地利用现状调查数据，可为国土空间规划编制和监督实施、筑牢"三条红线"电子围栏提供基础支撑；通过定期获取重要区域、重要生态功能区影像，快速提取土地利用变化情况，跟踪生态修复、综合治理成效，可为生态文明建设提供服务支撑；通过分析自然资源、生态环境与高质量发展的协调关系，有助于更好地服务于区域重大战略实施，全力做好自然资源要素保障，为各级党委、政府重点工作提供决策支撑。

6.1.2 卫片执法整改跟踪

1. 业务需求

卫片执法工作是通过卫星遥感监测、地理信息系统等技术手段对一个地区的土地利用、矿产资源勘察开采情况进行监测，制成遥感影像图，将同一地域前后两个不同时点的遥感影像图进行叠加对比，获取该地域土地利用、矿产资源勘察开采的地表变化情况，由各级自然资源主管部门开展土地矿产卫片执法工作，掌握该行政区域的新增建设用地和矿产资源勘察开采情况，发现、制止并查处整改违法用地和违法勘察开采矿产资源行为。在卫片执法工作中，通过人工智能与遥感监测技术的融合既可以快速发现违法违规用地问题线索，也可以快速掌握卫片执法图斑的变化情况，及时跟踪违法违规用地问题图斑的整改情况。

2. 技术路线

卫片执法整改跟踪技术路线如图6-2所示。

（1）遥感影像数据分析和筛选：根据监测周期对影像进行分析、筛选。

（2）自动提取变化图斑去伪：综合分析自动提取变化图斑内部及周围基期与当期影像特征，判读自动变化图斑是否为真实变化图斑。当判定自动变化图斑为伪变化时，直接删除该图斑。

（3）自动提取变化图斑边界修正：对于保留的自动提取变化图斑，当自动提取范围面积与实际变化区域存在较大差异时，需要按影像勾绘图斑边界。

（4）自动提取变化图斑遗漏补充：基于基期和当期影像补充自动提取遗漏变化图斑。

（5）成果质量检查和整理：每日对变化图斑进行整理和质量检查，分别截取图斑对应的基期和当期影像块，其中，基期影像采用全国2m级正射纠正融合一般图影像；当期影像采用优于2m（含2m）的公益卫星遥感影像。

3. 案例分析

针对广西自然资源综合监测以及卫片执法传统作业方式薄弱问题，研发自然资源监测业务系统——"译快查"，该系统基于B/S架构，集成深度学习、GIS地图服务、大数据

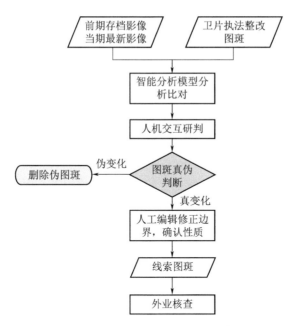

图 6-2　卫片执法整改跟踪技术路线

存储、实时计算等技术，实现快速遥感地物和变化图斑智能提取、可视化交互图斑核查、成果在线分析、影像管理等功能，显著地优化业务处理流程，建立效率更快、信息更准、范围更广的监测模式。

遥感影像变化检测与智能识别系统支持多源多尺度的卫星遥感数据智能解译服务，主要的基本模块包含影像管理、智能解译、图斑核查、统计分析，以此建立图斑预测、核查、验收规范化的处理流程，提升自然资源综合监测的业务处理效率。

1）影像管理

影像管理主要用于管理遥感解译所需的多期影像数据，其操作方式见附图 6-6。

（1）影像目录管理：平台可设置关联数据服务器的影像目录路径，并可以实时同步更新目录。用户通过平台即可统一浏览、管理数据服务器中的遥感影像数据。

（2）服务发布：点击目录树影像条目可一键发布服务，成功后即可浏览选中影像，为平台后续的其他工作提供了影像服务基础。平台还支持影像的批量发布操作，一键对同一目录下的不同影像进行自动发布。

（3）影像搜索：用户可通过图幅号、关键字的方式对数据目录中的影像进行快速检索，也可直接在地图窗口点击任意位置，目录树可锁定相应影像。

2）智能解译

智能解译模块是平台的核心部分，可调用不同的 AI 识别算法对遥感影像进行智能识别，提取变化图斑，其操作界面见附图 6-7。

（1）新增解译任务：通过平台，可便捷地选择出前后两期遥感影像，并利用相应的 AI 智能识别算法，对目标影像创建智能解译任务，进而提取出影像内的变化图斑。平台具有较强的开放性，可同时兼容多种 AI 智能识别算法，创建基于不同算法的遥感解译任务。

（2）解译任务管理：用户可以统筹、查看到平台里"运行中""已完成""队列中"等各个状态的遥感解译任务；可以即时查看到运行中的遥感解译任务的进度、剩余时间；可对队列中的任务进行顺序调整，任务置顶；同时还可以通过任务取消功能，来取消某一任务的执行。

（3）解译结果管理：用户可即时在平台中查看到解译完成的任务执行结果。支持通过卷帘查看的方式，配合前后时相底图，查看影像解译的图斑。也可以直接将解译结果以shp的方式下载下来。

3）图斑核查

自动解译出来的变化图斑里存在着一定数量的伪变化图斑，而图斑核查模块所要做的则是对解译结果进行去伪存真，其界面见附图6-8。

（1）任务创建：管理员可在平台中上传解译结果shp文件，选择与其对应的前后时相影像以创建图斑核查任务。除单文件上传以外，平台还支持通过指定路径，进行批量任务创建操作。

（2）任务下发：创建好的任务，可由任务管理员下发至指定的图斑核查工作人员。任务下发后，图斑核查人员登录系统，即可对自己的任务进行核查。管理员可实时查看到所辖人员的任务核查进度。

（3）真伪核查：图斑核查人员可通过前后时相分屏对比浏览的方式，快速地跳转至各个图斑所在的位置，结合键盘自定义快捷键，快速对图斑进行"新增构筑物""新增堆填土""其他真变化"等的判断，以剔除伪变化图斑。图斑在判别真伪的同时，也会自动为其赋予"变化类型""所属行政区划""前后时相影像"等属性值。

（4）成果导出：核查完成的图斑可即时在平台中以shp的格式进行导出，用于后续的工作。

4）统计分析模块

将历史数据通过各类图、表对平台的数据量及运行情况等内容进行可视化的统计分析展示，其界面见附图6-9。

（1）平台运行情况统计：包括对当前运行中的AI解译任务数量的统计、队列中的任务数量统计、累计解译次数、累计发现图斑数量、$100m^2$以上、$200m^2$以上、$400m^2$以上的变化图斑数量等基础信息的统计。

（2）真伪图斑占比统计：以饼状图的方式，统计并展示通过AI智能解译出来的变化图斑的真伪数量占比情况。

（3）AI算法使用情况统计：以环形图的方式，统计并展示平台中各类AI算法的使用次数、频率以及占比情况。

（4）每月发现图斑数量统计：以柱状图的方式，统计并展示出平台每个月通过智能解译发现的图斑数量，以体现每月的变化趋势。

5）系统管理

（1）用户管理：管理员用户可通过用户管理功能新增、删除用户、重置用户密码，也可赋予用户"部门管理员""任务管理员""任务核查员"等不同系统角色。

（2）组织机构管理：管理员可通过该模块来新增、删除部门，也可调整现有部门的层级关系及组织机构关系。

遥感影像变化检测与智能识别系统在架构设计、功能研发、业务调研方面，都紧密围绕自然资源综合监测和卫片执法工作的需求，通过 Web 应用开发的方式充分结合基于深度学习的视觉处理技术、GIS 技术、可视化渲染技术，实现多源遥感影像自动地物识别与变化检测、交互式图斑核查、监测成果分析等功能，形成更为精简的业务处理流程，极大地提升传统方式的处理效率。

4. 成效分析

利用自然资源监测业务系统——"译快查"对广西违法建设图斑进行提取，具体见附图 6 – 10。

传统的卫片图像解释方法通常依赖于专家的经验和人工规则，耗费时间和精力，而深度学习算法能够通过训练数据自动学习特征和模式，实现对卫片图像中的目标检测和分析，为卫片执法提供准确、快速的识别结果，可以提高执法效率和准确性。通过跟踪违法行为的变化和整改情况的进展，可以及时发现和解决问题，提高执法监管的精度和及时性。通过整合大量的卫片图像数据和深度学习算法，对卫片图像的分析和目标提取，可以识别出违法违规用地问题的空间分布和变化趋势，进行环境问题的模拟和预测，为决策者提供科学依据和参考。

深度学习遥感技术的应用在卫片执法整改跟踪方面具有广阔的应用前景和社会意义，它能够提供准确、快速的卫片图像解译和整改跟踪信息，提高执法效率和监管水平，促进环境保护和可持续发展。

6.1.3　国有土地经营监管

1. 业务需求

国有企事业单位土地资产作为国有资产的重要组成内容，对于推动国有企事业单位职能履行，对促进当地社会事业、公用事业发展起着非常重要的作用。但是由于国有农场的土地面积大，位置分散，加上南方特有的地理环境复杂，山地、丘陵、平原等地形多样化形成的作物多样，人工日常巡查等传统的土地监测监管方式达不到切实维护国有土地资产权益的要求，国有土地资产丢失、土地利用不当等现象时有发生。因此，急需更有效的土地管理和监管方法，及时掌握国有土地管理与利用情况，切实保护国有土地资源，夯实农垦现代农业发展基础，以保障农业生产的稳定性和可持续性。

2. 样本制作

基于深度学习技术调查土地资源利用情况，采用分辨率优于 1m 的高分辨率多源光学影像数据：BJ3、GJ1、WV2、GF7、BJ2、GF2 等，通过查阅历史资料及外业调研，建立多尺度、多传感器、多时相的遥感影像样本集，训练的模型可以实现更深层次的学习，有效提高土地资源识别准确性和广泛性，充分利用了多源数据的优势，耦合深度学习框架训练出自主学习能力更强的识别模型，为土地资源精准化监测提供科学支撑。

3. 技术路线及成效分析

利用深度学习语义分割模型对遥感影像进行分割识别，提取土地资源矢量图斑，并结合遥感影像对图斑进行检查，加入具体类别、面积等信息，具体结果如附图 6 – 11 所示。

通过农村土地调查，将监测图斑的结果整合在国有土地管理信息平台，具体如附图 6 – 12 所示。

在监测土地资源变化方面，通过对农村土地资源的影像进行训练，从而得到智能 AI 变化检测模型，识别出土地发生变化的区域图斑，具体见附图 6 - 13。

随后，内业人员对图斑进行整理，需要外出检查的通过联合卫星监测、移动巡查等一体化监管 App 和桌面端，具体见附图 6 - 14。

国有土地监测监管工作充分发挥现代信息技术的优势，建立了高效的监测监管体系，以卫星遥感、北斗定位、三维虚拟仿真、大数据时空分析等为支撑，围绕土地利用、经营管理、资产产权等三大主线，构建了集团、二级、三级农场公司三级联动的框架体系和数据标准。该监管体系通过数据调查和治理手段，全面了解土地利用现状，监测变化动态，建立时空一体化的多源异构数据底座，形成农垦土地的"一张图"。运用二三维海量数据高效调度、AI 智能遥感、室内外智能物联数据采集等专利技术，实现了数据展示高效、更新智能、统计精准、应用灵活、互联互通的现代监管。国有土地监测监管的意义不仅在于提高了土地资源利用的效率，更在于为农垦经济的可持续发展提供了有力支持。首先，监管工作实现了对土地利用情况的全面监测，为土地规划、利用与保护提供了科学依据。通过高分辨率卫星影像和智能遥感技术，监管部门能够实时获取土地的利用状况，及时发现潜在问题，为制定科学的土地规划和合理的资源配置提供了重要的数据支持。其次，监管体系的建立有助于规范土地经营行为，提高土地利用效益。通过监测土地经营管理情况，可以及时发现和纠正不当的土地利用行为，确保土地资源的合理利用。监管还能为企业经营者提供科学的经营指导，优化资源配置，释放土地经营的潜力与活力，推动农垦经济的可持续发展。此外，监管工作对土地资产产权的保护起到了关键作用。通过建立土地"一张图"，监管机构能够对土地资产的状况进行全面监测，加强对土地产权的保护，避免非法侵占和滥用，对维护国有土地资产的稳定性和安全性具有重要意义。总体而言，国有土地监测监管的相关工作不仅通过现代信息技术的应用提升了管理效能，更在于推动了农垦经济的可持续发展，保障了土地资源的合理利用，实现了对土地资产的全面保护，为农垦事业的长远发展奠定了坚实的基础。

6.1.4 全域土地综合整治

1. 业务需求

全域土地综合整治是一项旨在全面优化特定区域土地利用的系统工程，通过整合土地资源、优化空间结构、提高生态环境质量，促进城乡一体化发展的综合性工程。其主要是通过卫星遥感技术手段获取乡村区域精确的土地信息和动态监测数据，分析该区域的土地利用状况，对土地利用进行评估，了解土地的类型、覆盖程度和分布情况，结合历史数据和实地调研，确定土地的最佳利用方式，并进行合理的土地整治措施规划，采取相应的土地整理、复垦、开发等措施。在全域土地综合整治工作中，通过人工智能与遥感监测技术的融合及时发现和评估土地的利用程度，检测土地的覆盖变化、植被指数和土地质量指标，分析整治工程的合理性，辅助审查全域土地综合整治项目实施方案的可行性。

2. 技术流程

通过卫星遥感和无人机等技术手段，可以高效获取大范围土地信息，包括土地利用状况、植被覆盖、水资源分布等。如图 6 - 3 所示，操作流程主要分为数据获取、预处理、模型训练和应用四个关键步骤。

（1）数据获取：首先，获取整治地块范围的高分辨率遥感图像，可以通过卫星遥感或无人机获取。同时，获取整治地块的边界坐标信息，用于裁剪和标注图像。

（2）数据预处理：对获得的遥感图像进行预处理，包括将图像裁剪为适当大小的图块，以适应深度学习网络的输入需求。同时，基于地块范围数据生成建筑图斑的标签，即标注建筑物的位置。

（3）模型训练：选择适当的深度学习网络结构，如 U–Net、SegNet 等，进行建筑图斑的训练。使用标注好的数据集，通过迭代训练优化网络参数，以使模型能够准确地识别整治地块内的建筑图斑。

（4）模型应用：训练完成后，将深度学习模型应用于整治地块范围内的新遥感图像。通过模型的预测结果，可以智能提取出建筑图斑。此外，提取图斑后还需要进行后处理，通常包括后处理、去除小面积噪声、保留大面积的建筑物图斑。

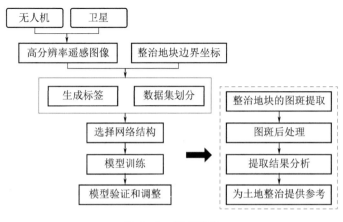

图 6–3　技术路线

3. 应用成效

遥感技术在全域土地综合整治项目中发挥着关键作用。通过获取高分辨率的遥感图像，进行图像识别和分类，实现对整治地块范围内的土地利用情况、建筑图斑分布等信息的智能提取，可以帮助监测土地的合规性和资源利用状况。在实施土地整治措施过程中，帮助决策者更好地调整规划和决策，提高整个项目的实施效果，实现对土地的综合整治与改良，推动土地资源的合理利用。

基于深度学习能够充分理解高分辨率遥感图像的建筑物特征，极大地提高了建筑图斑提取的效率和准确性，通过提取整治工程范围内的建筑物，分析全域土地综合整治项目的合理性，辅助审查全域土地综合整治项目实施方案的可行性。附图 6–15 展示了全域土地综合整治项目应用的三种类型案例，分别为：①高标准农田建设，紫色为工程范围，蓝色为提取的建筑；②宜耕后备资源开发，紫色为工程范围，蓝色为提取的建筑；③永久基本农田调整，黄色为工程范围，橙色为提取的建筑。

6.1.5　矿山开发利用与保护修复监测监管

1. 业务需求

矿山开发利用与保护修复监测监管是指基于多源遥感影像，解译地表的采矿范围、损毁土地状况及矿区变化信息，构建围绕矿山开发利用与生态保护修复业务全流程系统性监测监管的数据体系，完成矿业权管理、矿山开发利用、矿山生态修复等相关业务系统性监测监管。但矿山一般具有分布广、数量大、变化快、开发情况复杂多样等特点，且存在地方相关业务管理人员配置不足等问题，这导致了矿山监测监管存在困难。将基于深度学习的多源遥感数据人工智能识别和变化图斑快速提取技术，应用于矿山开发利用与保护修复监测监管工作中，可以实现大范围矿山生态环境要素和变化信息的智能提取，有利于快速掌握矿山开发利用与保护修复的实际情况，降低成本投入，缩短监测周期，及时跟踪矿山生态修复进程。

2. 样本制作

基于深度学习实现矿山生态环境要素智能识别，制订适应矿山生态环境监测监管业务需求的地表要素分类体系，利用多卫星源、多分辨率、多时相的遥感影像，结合历史矿山调查数据、监测数据和人工目视解译，构建涵盖常用的 2m 级分辨率及 1m 级分辨率光学影像矿山生态环境要素样本库，服务矿山生态环境要素属性图斑与变化图斑的自动提取，提高矿山生态环境调查与监测监管工作效率。

为充分利用现有数据，尽可能采用自动化样本生产方式，减少人工样本标注工作量。依托第三次全国国土调查、数字广西地理空间框架 1：10000DLG 数据等已有的语义分割数据库，结合制订的地表要素精细分类体系，利用人工目视解译等方式对不符合要求的数据进行修订、更改，实现样本数据的快速标注生产。

对于不同解译任务样本，面向矿山生态环境多模态遥感智能解译的样本库主要包括：语义分割样本、目标检测样本、变化检测样本等多类。其中语义分割样本、变化检测样本如附图 6-16 所示。

通过对数据准备步骤中准备好的时间序列样本集进行人工补充标注与修改，最终得到适应各类矿山生态修复业务的样本集。截至目前，已采集样本超过 3 万个，样本类型包括矿山识别、矿山变化检测、语义分割等类型，覆盖了水体、建筑、道路、建设用地、水稻等多种自然资源地物要素。

3. 技术路线

研究基于深度学习的多源遥感矿山生态环境要素智能感知技术，首先进行矿山生态环境要素的样本采集，对矿山生态环境要素进行矢量化，获取矿山生态环境要素矢量样本。然后研发矿山生态环境要素变化智能感知模型和矿山生态环境要素智能识别模型，在获取矿山生态环境要素矢量样本后，对模型进行不断的训练、精度测试和优化，并且过程中针对性增加正负样本。最后采用矿山生态环境要素变化智能感知模型和矿山生态环境要素智能识别模型，实现大范围矿山生态环境要素的快速自动识别，实现矿山生态环境要素变化信息的智能感知、智能分析与业务应用。

4. 成效分析

将人工智能与卫星遥感、航空摄影、地面调查、互联网监管等技术融合，建立人工智能与"天空地人网"立体协同监测融合技术体系，实现了大范围矿山生态环境要素快速识别与调查核实，矿山变化图斑检测效率达 10000km²/h，相较传统人工变化图斑提取，采用智能变化检测+人工核查的方式效率提升了 7 倍；实现矿山生态环境要素遥感智能感知与分析应用，解决了矿山工作不高效、不全面、不及时、不精确的监管难题，为生态环境保护修复和矿山监测管理等工作及时提供数据基础和技术基础，同时加强了矿产资源利用与生态保护修复的监管力量，为制定多项政策、方案、规划提供依据，为国土空间生态修复监管信息化、智能化建设提供了示范。附图6-17~附图6-19分别是基于深度学习的多源遥感矿山生态环境要素智能感知技术识别出的矿区范围、矿山扩张、矿山生态修复要素。

6.2 农业调查与统计

农业自然资源调查研究是实现农业现代化的基础工作，将遥感调查技术与农业自然资源调查相结合，开展大宗农作物种植结构、种植面积及分布情况的监测，实现国内外农作物遥感监测的常态化运行，成为农情信息的重要组成部分，为国民经济核算和社会各界研究"三农"问题提供可靠、权威的调查数据。

利用遥感技术手段，基于合成孔径雷达影像与高分辨率光学影像等多源遥感影像，结合不同作物的光谱、物候和纹理等信息，提取农作物（水稻、甘蔗、果树等）的种植分布情况，根据物候期监测农作物种植分布的具体位置、面积，为农作物种植结构摸底核查节省人力、物力等方面投入，提高工作效率。进一步摸清农业资源状况，制定科学的粮食生产政策，确保国家粮食安全；有利于推动农业结构调整，加快农业科技创新和技术推广，提高农业综合生产能力，实现农业可持续发展。

6.2.1 水稻种植调查

1. 业务需求

根据水稻种植物候期情况，早稻生长期于3月中下旬至7月中旬，晚稻生长期于7月下旬至10月中旬。热带及亚热带地区受云雨天气影响，光学遥感在水稻生长期往往难以获取影像数据，多源遥感数据互补的水稻地物提取应用是未来遥感识别水稻技术的发展趋势。光学和雷达影像数据的结合可以充分利用多种信息数据之间的优势互补和协同，增强水稻的识别能力，有效实现水稻种植区的精确识别，推动了"精细农业"的实行和推广，对于我国粮食政策的制定、农业资源配置以及国家粮食安全具有重要的意义。

2. 基于合成孔径雷达提取水稻地物影像

1）技术路线

与传统的光学遥感手段相比，合成孔径雷达（Synthetic Aperture Radar，SAR）成像不受气象干扰，能敏锐地响应水稻植株发育和土壤水分变化，使用SAR数据对水稻地物进行识别，弥补了在云雨地区获取的作物生长参数信息来源的空缺，准确地监测和获取水稻种植的空间分布范围，对保障全国粮食安全具有重要意义。

C波段电磁波的波长与水稻茎秆、叶片和稻穗等的尺寸接近，对水稻植株生长过程的散射响应明显，基于水稻生长期的C波段高分三号SAR影像数据，计算雷达水体指数，获取测区内包含水田、水域的水体图像；计算四种极化方式的后向散射系数比值图像，与水体图像组合生成多波段图像，根据多波段影像提取水稻地物特征；根据水稻地物特征及提取的水体范围进行分类；对粗分类成果进行合并、过滤、聚合、小图斑去除、边界平滑的批处理，测区耕地边界进行边界优化获取精细水稻种植区。其技术流程如图6-4所示。

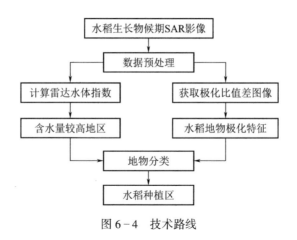

图 6-4　技术路线

2）识别结果分析

根据上述流程提取的水稻种植区识别结果见附图 6-20。

基于高分三号 SAR 数据中水稻在后向散射系数的比值图像具有突出效果的特点，可以有效区分水稻与其他农作物，同时在提取水田的基础上对水稻研究区进行更精确的提取。综合运用水稻在 SAR 影像中专有的特点：稻田因含水量高导致的后散射系数偏低及水稻地物特殊的极化特性形成双重约束条件开展水稻种植区的提取，合成孔径雷达影像数据弥补了光学数据在水稻生长期获取不易的缺陷，逐渐成为农业监测的有效助力。

3. 基于深度学习的多时序遥感影像水稻提取

1）样本制作

根据水稻生长期和水稻地物在卫星遥感影像上的特征，选择多期涵盖水稻生长周期的光学影像，可将水稻分为：营养生长期、生殖生长期及水稻结实期。

水稻营养生长期，一般需保持田间持水量 90% 以上，水稻幼苗由于苗株较小、叶片稀疏且移栽间隔较大，早稻在每年的 3—4 月时在高分辨率卫星遥感影像上，水稻田特征呈现水田特征，如附图 6-21 所示。

水稻生殖生长期是水稻快速生长的时期，晚稻在每年 8—9 月时在高分辨率卫星遥感影像上，水稻田呈现无明显表面纹理特征的绿色地块，地块颜色会随着水稻生长在不同获取时间的影像上呈现橄榄绿至深绿的转变，同时伴随一定高度阴影特征，如附图 6-22 所示。

晚稻在每年 10—11 月时为水稻结实期，在高分辨率卫星遥感影像上，稻田的地块颜色开始由深绿色向土黄色、暗黄色转变，部分种植植株稀疏的稻田呈现褐黄色，如附图 6-23 所示。

深度学习法采用的语义分割模型通过多隐藏层的神经网络分层自动处理学习水稻特征，因此面向语义分割要求的样本矢量数据要求准确表达目标地物的边界，根据地面调查结果、无人机数据及高分辨率光学遥感影像，对水稻种植地块进行人工勾画采集，采集的水稻图斑样本用以构建水稻地物识别样本集。

2）成效分析

选取广西多个县区作为基于深度学习的遥感影像水稻提取测试区域，利用语义分割模型进行水稻提取，具体结果见附图 6-24 至附图 6-26。

从上面三组图可以看出，在地势平坦的平原地区，水稻识别的效果较好，与人工构建物、水体及其他作物等交接地带错分与漏分情况较少；在丘陵地区，连片水稻种植区域的提取效果较好，能基本识别大面积的水稻地物，同时也能提取出部分零散分布的稻田；在种植结构复杂的山地地区，在大多数耕地范围内的区域仍获得不错的提取效果，但在山脚附近的水稻田因遮挡难以识别，同时与其他物候期或纹理、色彩特征相似作物如玉米、蔬菜等存在一定的误分、漏分问题。南方复杂场景水稻的识别效果受测区地形地貌影响，在平原地区识别效果最佳，在地形地貌复杂的丘陵、山地区域会受到一定的干扰，且在密集型耕地聚集区识别效果优于破碎地块和复杂种植结构情况地区，高效和准确的深度学习方法对在南方复杂场景条件下提取水稻种植区起到了重要的推动作用。

水稻作为我国重要的粮食作物，面对生产安全的巨大压力，需要运用高效、精确的技术手段实时监测水稻的种植、生长情况，能够及时地获取水稻种植面积分布、生长情况等信息，为水稻安全生产提供有力保障。通过遥感技术可以对水稻种植区域进行准确的土地利用和土地覆盖分类，快速、准确地获取水稻种植面积，包括水稻田、其他农田和非农田等，为制定农田规划和管理提供数据支持。

针对多源遥感影像的优势和特点，通过分析基于合成孔径雷达影像提取水稻地物，和基于高分辨率光学遥感影像运用深度学习方法识别广西水稻地物，获取广西水稻种植情况，实现高效且准确的智能化遥感识别。基于深度学习方法提取水稻，可以获取多时序遥感影像中大量的图像和数据信息，从而进行精细化农业管理。深度学习在南方水稻识别领域的应用，不仅可以在某种程度上提高水稻产品质量，还有助于推动农业现代化的发展。水稻遥感智能识别技术的智能化和自动化水平的提高，将减少人力、物力资源的投入和浪费，提高农业生产效率。

基于多源遥感数据的智能化水稻识别方法的应用，能准确实时地监测水稻种植生产情况，可以提高水稻的产量估算精度，实现精细化农业管理，推动农业现代化的发展，促进农业的可持续发展。同时，深度学习在水稻识别领域的经验和技术也可为其他作物的识别和农业信息自动化、智能化发展提供借鉴和参考。

6.2.2 甘蔗种植调查

1. 业务需求

南方复杂场景存在多山地丘陵、农田地块破碎、种植结构复杂等问题，导致区域甘蔗种植分布虽广但种植面积难以统计、对分布情况掌握不全面，基于高分辨率多时相卫星遥感影像，采用深度学习的遥感智能识别技术获取甘蔗种植分布情况和统计种植面积，可为甘蔗种植结构优化、糖业产量生产管理与决策等提供科学的调查数据支撑。

2. 样本制作

甘蔗的生长过程可分为：播种到萌芽出土的发芽期；长出真叶的幼苗期；真叶基部节出芽的分蘖期；叶鞘逐渐张开的生长期；以及工艺成熟期。不同生长期的甘蔗在遥感影像上的地物特征不同，播种—萌芽期一般在3—6月，影像特征以旱地特征为主，6—8月甘蔗进入分蘖期—茎伸期后，真叶基部节出芽；8月中旬左右进入生长期，叶鞘逐渐张开，在影像上呈现翠绿、草绿色，伴有一定的纹理特征；9月下旬后甘蔗生长达到饱和，随之进入糖分累积阶段，叶片逐渐发黄、衰老、生长缓慢；10月起至11月份前后进入成熟期，影像上呈现橄榄绿、苔藓绿的色相，同时伴随一定高度的阴影特征。每个生长期都需要采集相应的样本。在遥感影像上经人工目视判断勾绘甘蔗地物，勾绘时要精确勾绘到地块边界，针对勾绘的甘蔗图斑进行抽检外业核查，针对发现的采集错误进行实地补测，之后通过内业整理获得最终样本数据。甘蔗样本标注示例见附图 6-27。

3. 成效分析

利用语义分割模型进行甘蔗地物提取，具体结果见附图 6-28 至附图 6-30。

从上面三组图可以看出，训练的甘蔗地物语义分割识别模型能够准确地从高分辨率卫星影像中提取甘蔗的种植区域，识别的种植区边界清晰，甘蔗地物识别准确率较高；部分区域出现了地物压盖的问题，这是由于甘蔗种植较为密集，甘蔗生长茂盛，压盖了部分田间道路，导致道路特征与甘蔗特征区分困难，在提取时存在错分的情况。深度学习整体上达到了甘蔗自动化识别的要求，明显提升了处理效率，降低了人力资源成本。

在广西山地丘陵性盆地地貌，甘蔗地块破碎、分散的条件下，传统甘蔗作物种植统计工作主要依靠抽样调查统计，缺乏快速、准确、全面的获取手段。利用深度学习技术识别甘蔗具有重要的背景和意义，克服了根据人工设计特征参数分类的机器学习方法中存在的主观性强、人力工作量大、地物特征识别浅层等问题，实现了甘蔗种植面积自动化提取，提高了甘蔗地物识别的精度和效率，为甘蔗种植和管理提供了准确、可视化的数据参考，提高了生产效率和质量。

基于深度学习的语义分割模型可自动采集多源、海量、多时相遥感影像中的图像信息并快速处理大体量数据，通过实时监测和分析，可以获取甘蔗的生长状况，掌握甘蔗的空间分布及时空变化，实现甘蔗种植的自动化和智能化管理，为地方政府、农业部门进行作物种植结构调整提供重要参考。此外，通过实时监测和分析，可以及时发现甘蔗的健康状况和问题，避免了人工巡视的时间和成本。甘蔗是一种植被覆盖广泛的作物，对环境的保护和可持续发展具有重要意义。深度学习识别甘蔗能够提供实时的生长信息和需求分析，优化甘蔗种植的空间布局和管理措施，减少环境变化对甘蔗生长产生的不良影响。深度学习技术为识别甘蔗地物提供了新方法，具有在甘蔗种植和管理中实现自动化、提高产量和质量、节约成本和可持续发展的重要意义。

6.2.3 果园种植调查

1. 业务需求

果园种植面积调查是通过卫星遥感影像，采用深度学习的技术手段对一个地区果园种植情况进行监测，获取果园分布范围、位置和面积等信息的工作。果园经济是广西重要的农业经济组成部分，调查果园的种植分布和面积信息对经济运行极为重要。广西位处南方，地形复杂，果园种植较多且分布不规律，使用遥感技术开展果园种植面积调查，能够满足南方复杂地形条件下，果园的大范围快速获取的需求。采用深度学习技术，进行龙眼、荔枝、百香果、柑橘、芒果、李子等果园的识别，快速调查果园种植的分布范围和面积，为果园规模化管理、产量预估、病虫害监测等业务提供坚实可靠的基础信息。

2. 技术路线

果园是多种类水果园地的合集，要开展果园种植面积调查，首先要进行果园特征的选取，通过实地调查，确定果园的实地位置，结合卫星遥感影像，并归纳果园在卫星影像中的特征；其次是采集果园样本，通过果园的影像特征，在卫星影像上矢量化果园样本，获取样本数据；在获得样本后，利用果园矢量样本和影像进行样本分割；在获得分割样本后训练果园语义分割模型，获得果园语义分割模型；获得果园语义分割模型后，测试模型的果园识别精度，通过测试效果检查模型识别果园的误分、漏分等不足，通过针对性增加正、负样本的方法，继续训练模型，对果园分割模型进行优化；在对模型进行优化后，案例采用果园分割模型进行果园的自动识别，调查果园的面积分布状况。

3. 样本制作

深度学习模型通过对遥感影像地物样本进行训练，学习地物特征，最终通过地物特征对遥感影像进行自动识别，因此通过人工采集的方式，在高于 1m 分辨率的卫星影像中进行果园样本采集。果园中的果树在高清遥感影像上通常呈现出规律的排列和特定的形态特征，果树的树冠形状、树冠大小和种植密度等特点，会使果树呈现单株间隔或多株连续的行列分布，不同类型果园的形态分布基本相似。在广西地区，根据果园单株间隔分布和多株连续行列分布的特点，进行人工目视解译，选取果园样本。选取方形的影像区域采集果园样本，采集果园样本时，果园图斑的面积要大于 $200m^2$。经过统计，采集果园样本的影像图幅面积达到 $4522km^2$，果园图斑数量共 41554 个。果树标注示例见附图 6 - 31。

4. 成效分析

在广西某些县区实施果园面积提取，针对行列特征明显的果树地物建立相应的样本集，利用语义分割模型进行果园识别，具体结果见附图 6 - 32、附图 6 - 33。从两组图可以看出，模型在某地区识别到了大片果园，分布比较密集，识别面积最大，分布区域比较集中，而另外地区的果园较分散，且面积较小。识别的效果上，不同地形和果园形态的识别效果存在差异，平坦地区的果园的识别效果优于山丘地区，稀疏果园的识别效果优于密集果园。通过遥感手段进行果园的种植面积调查，克服了人工调查速度慢、成本高、调查不全面的弊端，方便快捷地完成了不同区域果园的全方位调查，为果园的规模化管理、产量预估、病虫害监测提供了高质量的参考数据。

6.2.4 火龙果种植调查

1. 需求分析

火龙果种植面积调查是通过卫星遥感影像，采用深度学习的技术手段对一个地区的耕地进行监测，提取火龙果种植地块分布范围、面积等信息的工作。火龙果作为广西的特色经济水果之一，是农业经济的重要组成部分。火龙果种植在耕地上，植株较小，与其他农作物存在较多的相似性。在南方复杂条件下，难以通过低分辨率影像识别火龙果地块。结合深度学习技术和高分辨率遥感影像识别火龙果种植面积，充分利用了深度学习图像分割的优势和高清影像地物表达更清晰的优点，达到火龙果调查的目的。通过对火龙果种植面积的调查，为火龙果产量估算、种植发展规划、销售等方面提供火龙果种植面积和分布信息，为有关部门提供火龙果产业数据。同时，为结合深度学习技术、高分辨率遥感影像的特色经济作物识别提供参考。

2. 技术路线

首先进行火龙果的遥感影像特征选取，通过实地调查，确定火龙果地块的位置，结合相应卫星影像，归纳火龙果地块在卫星影像中的特征；其次进行样本采集，对火龙果进行矢量化，获取火龙果矢量样本；在获得火龙果样本后，利用火龙果矢量样本和影像进行样本分割；在获得分割样本后，对语义分割模型进行训练，获得火龙果分割模型；获得火龙果分割模型后，测试火龙果分割模型的精度，通过测试精度发现模型分割时火龙果误分、漏分等不足，通过针对性增加正、负样本的方法，继续训练模型，进行火龙果分割模型的优化；在对模型进行优化后，采用火龙果分割模型进行火龙果的自动识别。

3. 样本建设

采用二分类分割遥感影像识别火龙果种植区，因此仅制作火龙果种植区样本。火龙果地块在大致的形态上与玉米等耕地作物相似，在低分辨率影像上难以观察到火龙果地块。火龙果是四季常绿植被，其地块纹理和形态不易发生改变，种植的行列间距较宽，与玉米等作物存在较大的差别。通过实地调研与遥感影像进行对比，发现火龙果在影像上呈现行列分布的特征，且行列间存在一定间距。而玉米等行列种植的耕地作物间距较小，在影像上难以观察到耕地作物的行列间隔，耕地作物的行列间隔与火龙果差异较大，在分辨率高于 1m 的影像上能清晰分辨出火龙果地块。因此，根据火龙果四季常绿、纹理和形态稳定、种植的行列间距较宽的特点，在高分辨率卫星影像上采集火龙果样本。样本选取区域主要在广西某重点火龙果种植县，该县火龙果种植面积较大，能够提供大量样本。选取火龙果样本时，仅选取面积需大于 $100m^2$ 的地块。最终矢量化的火龙果地块面积达到了 3484.16hm²。火龙果样本标注示例见附图 6-34。

4. 成效分析

在广西火龙果重点种植县区，利用语义分割模型进行火龙果识别，具体结果见附图 6-35、附图 6-36。经过验证，火龙果识别的查全率为 0.918，准确率为 0.915，交并比为 0.846，获得了较高的识别精度。从两组图可以看出，火龙果在遥感图像中纹理特征比较明显、集中且火龙果种植田地小块分界线比较明显。通过深度学习技术和高分辨率遥感影像的火龙果种植面积调查，在南方复杂地形取得了良好效果，为其他特色经济作物的种植面积调查提供了范例。

6.3 森林资源监测监管

为贯彻落实习近平生态文明思想，切实加强森林资源保护，基于高分辨率卫星影像和人工智能技术开展森林资源变化监测、桉树种植情况监测和自然保护区监测工作，服务于森林资源监测监管、耕地保护等业务。

6.3.1 森林资源变化监测

1. 业务需求

森林资源监测监督管理是利用遥感技术监测变化图斑和实地核查反馈、抽样查验、问题整改督查及建模技术相结合等手段对森林资源保护利用状况进行监测、监督管理的过程，重点包括遥感影像获取、林地变化图斑筛查、变化图斑下发、市县实地核实反馈、森林资源数据变更、违法案件跟踪等环节。在森林资源监测监管工作中，采取快速影像统筹工作机制和"人工+AI 智能识别"技术手段，可以高效、准确地获取森林资源变化图斑，及时发现森林资源变化情况和违法使用林地情况。

2. 样本制作

分析南方林地分布情况及其变化特点，发现主要变化类型包括林木采伐、开垦、灾害、造林、建设项目占用林地等。其中，林木采伐、开垦、灾害、造林等情况，通常变化图斑面积较大，最小监测面积为 1000m²，在分辨率为 2.5m 的影像上可以较为清楚地识别；建设项目占用林地的情况监测，变化图斑面积相对较小，最小监测面积为 1000m²，但建筑在影像上特征明显。因此，为同时保障监测精度和监测频率，采用分辨率优于 2.5m 的卫星影像开展森林资源变化监测工作。

收集分辨率优于 2.5m 的卫星影像数据，基于相同区域的两景不同时相的卫星影像，建立具有南方特点的林地变化遥感影像样本库。

3. 技术路线

基于样本库和深度学习技术，建立了广西林地变化智能监测模型；采用变化监测模型结合人工分析的方式，开展了广西森林资源监测监督工作。以上一年度高分辨率遥感影像作为前时影像，监测当年各季度优于 2.5m 分辨率的遥感影像作为后时影像，在林地范围内提取林地变化图斑，并依据前、后时影像对提取的变化图斑地类进行分类判定，分析变化原因，根据林斑界及林地范围资料进行其林业管理属性录入及信息核对，经营档案数据，对森林资源变化情况进行分析，获取疑似违法图斑。

4. 成效分析

基于深度学习技术智能提取的森林资源变化图斑如附图 6-37 所示。

深度学习技术的应用，大大提高了森林资源监测监管工作的效率与质量。经分析发现，使用林地变化智能提取数据的作业员比不使用林地变化智能提取数据的作业员每批次多完成 1000~1500km² 作业面积。在质量检查中发现，两个作业部门在使用林地变化智能提取数据后，正判率均值分别由 89%、86.4% 提升至 97.4%、94.6%。基于深度学习技术快速获取森林资源变化图斑，可应用于林地管理、森林经营、森林资源调查监测和森林督查等领域，为实现森林资源可持续管理和保护提供技术支持。

6.3.2 桉树种植情况监测

1. 业务需求

桉树是我国华南地区主要人工林造林树种之一，具有巨大的经济效益和生态效益。桉树种植情况监测是基于卫星影像和深度学习技术获取桉树空间分布数据，并与林地范围、耕地范围等业务数据进行叠加处理与分析，获取桉树种植面积及分布情况，服务桉树经营管理方案、政策的制定与实施；还可以发现耕地上种植桉树情况，服务于粮食安全、耕地保护政策实施。

2. 样本制作

桉树为常绿乔木，具有典型的绿色植被光谱特征，同时具有纹理特征。在中、低分辨率的多光谱数据中，桉树光谱特征与绿色植被差异较小，存在"同谱异物"现象，且在影像上表现的纹理特征信息相对较弱，难以获取高精度的桉树识别结果，无法满足业务需求。高空间分辨率遥感影像不仅有一定的光谱信息，还具有丰富的空间纹理信息，可以获取更准确的桉树空间分布数据。在分辨率优于 1m 的影像上，桉树表现为深绿色，具有明显颗粒感的树冠纹理特征，具有一定的阴影，成行排列。在 2m 分辨率的影像上，桉树与其他林木的特征差异较小，分辨较为困难。因此，采用分辨率优于 1m 的卫星影像数据进行样本制作。

桉树样本制作过程中，要考虑地表环境的多样性，选取具有不同地理环境特点的区域进行样本建设，提高模型在大范围应用时的泛化能力；同时样本影像要具有多传感器、多时相特性，以提高模型的稳健性。本次样本建设区域覆盖了广西 14 个地级市，涵盖了广西常见的地物及地形地貌，影像数据包括高分二号、高分七号、北京二号、北京三号、高景一号、高景二号、World view2、World view3、Super view2 等优于 1m 分辨率的光学影像。桉树样本标注示例见附图 6-38。

3. 技术路线

通过样本库建设、深度学习模型训练、模型评价分析、模型迭代优化等过程，形成桉树智能识别模型；基于分辨率优于 1m 的卫星影像和智能识别模型，获取桉树种植分布情况数据；通过与林地、耕地业务范围数据叠加处理与分析，获取林地范围内、耕地范围内的桉树种植情况数据。

4. 成效分析

在业务工作中，利用桉树智能识别模型获取了广西多个市、县的桉树种植情况数据，具体提取效果如附图 6-39 至附图 6-41 所示。

相比于在遥感影像上人工勾画提取桉树种植图斑，利用深度学习技术可以更高效、准确地获取桉树种植情况数据。相关成果应用于森林经营管理，可优化桉树种植产业发展，进一步推动林业经济的发展；应用于森林资源监测监管，有助于更好地加强森林资源保护；应用于耕地保护业务，有助于及时发现种植桉树侵占耕地的现状，服务粮食安全政策实施。

6.3.3 自然保护区监测

1. 业务需求

自然保护区面临的主要变化包括陆地利用变化、生物多样性减少、土地退化、生态系统退化等。随着城市化进程的加快，自然保护区周边的农业、工业等人类活动带来了大量的干扰，加剧了自然保护区的变化。为了保护和管理自然保护区，了解和监测自然保护区的变化是必要的。对自然保护区的监测可以帮助政府决策者和管理者了解自然保护区的状况，提供科学依据，制定有效的管理措施。传统的地面调查方法由于时间、经费和人力等限制往往难以满足监测需求，因此需要借助遥感技术来监测自然保护区的变化。

2. 数据制作与技术路线

自然资源保护区监测是一个复杂的过程，涉及多源数据的采集、处理、分析和解译。首先确定监测目标和区域（广西 70 个保护区），然后收集保护区的基础地理信息和历史监测数据，利用多源数据融合技术，结合高分辨率光学卫星数据的优势，并利用变化检测模型进行训练，从而对 70 个保护区进行变化监测。后续结合时间序列分析，研究保护区内人类活动的时间和空间动态变化。利用 GIS 工具，创建保护区变化的时空动态图谱。

3. 成效分析

利用变化检测模型快速发现变化区域，解译广西 70 个保护区内人类活动变化，具体结果见附图 6-42。

从附图 6－42 可以看出，保护区后时相变为裸地，导致森林资源流失，遥感技术在自然保护区监测中具有多重意义：首先，它能够提供快速、全面且连续的监测数据，通过无人机和航天器等获取大范围的遥感影像，与传统地面调查相比，更加全面和准确，且能在短时间内获取数据，快速反映保护区变化。其次，遥感技术具有高时空分辨率，能够捕捉到保护区的微观变化，获取地表信息、景观格局和植被覆盖等数据，为分析保护区变化提供科学依据。此外，遥感技术能有效监测生态系统的动态变化，通过分析影像监测陆地利用和植被变化，评估生态系统健康和潜在威胁。最后，遥感技术可推动自然保护区的可持续发展，通过定期监测及时发现问题和风险，采取措施进行修复和保护，确保生态完整性和可持续性。

6.4 海岸带监测

红树林是最重要的海岸带生态系统，通过对其开展监测，对净化海水、防风消浪、维持生物多样性有重要作用。自然资源部、国家林业和草原局制定了《红树林保护修复专项行动计划（2020—2025 年）》，指示要严格保护现有红树林，科学开展红树林生态修复，扩大红树林面积，提高生物多样性，整体改善红树林生态系统质量。红树林在生态环境中的重要地位，国家给予了高度重视，开展红树林空间分布调查是保护生态环境的重要支持。互花米草是外国入侵物种，具有很强的繁殖能力，其侵害了本土生物生长空间，破坏了生态环境多样性，是我国明确要清除的有害植物。2022 年，国家相关部门联合发布《互花米草防治专项行动计划（2022—2025 年）》，明确提出互花米草治理目标，并给予治理政策支持。开展互花米草空间分布调查，是为了获取治理互花米草的第一手资料。生蚝是海洋经济收入的重要来源，而生蚝养殖活动会污染海水环境，开展生蚝养殖空间分布调查是平衡海洋经济发展和海洋生态环境保护的重要手段。利用遥感手段开展红树林、互花米草、生蚝养殖的空间分布调查监测，是生态保护、资源管理和经济可持续发展的需要。通过遥感技术快速、准确地获取红树林、互花米草、生蚝养殖的空间分布信息，为制定科学决策和管理措施提供有力支持。

6.4.1 红树林空间分布调查

1. 业务需求

多源数据和地物特征结合应用已经成为红树林遥感信息识别与监测领域的重要发展方向。通过利用多源高分辨率遥感数据和深度学习智能识别技术，提取红树林生长范围及分布情况，可以实现对红树林的生境评估、植被健康监测、退化监测与治理、变化监测和气候变化研究等目标。

2. 样本制作

采用深度学习智能模型进行红树林的识别，首先需要对红树林样本进行采集。红树林是常绿灌木或乔木植物，主要分布于淤泥深厚的海湾或河口盐渍土壤上，通常受潮水周期性浸淹。通过实地调查与遥感影像的对比分析可知，红树林植被与陆地植被相比通常颜色更暗，通常形成连续或断裂的带状分布，具有较规则的纹理。红树林生长于海岸潮间带地区，受到潮汐周期性的影响，高潮期间一些矮小的红树林全部淹没于水面以下，因此采集红树林样本时，选择潮位较低的影像进行提取，采集繁茂生长于潮间带的平均海平面至平均高潮线之间具有一定阴影特征的灌木和乔木林作为样本。红树林样本标注示例见附图 6-43。

3. 识别效果

通过人工在高清影像标注的样本中训练红树林识别智能模型，利用红树林识别智能模型提取了广西沿海区域的红树林分布，具体结果见附图 6-44。智能识别的结果显示，在识别红树林时，潮汐带成片的红树林识别效果极佳，识别精度达到了 90% 以上，原因在于连片的红树林没有夹杂其他树种或植被，在影像上海岸灌木林特征较为明显。通过对 2001—2020 年红树林分布的识别结果显示，广西红树林主要分布在防城港、钦州、北海三个沿海地市平坦的海湾和河口地带（附图 6-45）。其中，钦州茅尾海海岸、钦州市三娘湾、防城港珍珠湾、东兴市东兴湾、北海市党江镇海岸、北海市白沙镇、山口镇海岸等都是红树林分布的主要地带，红树林面积在逐年增长，红树林湿地生态发展良好。

4. 应用成效

不同于传统树种，红树林生长在陆地和海洋间的潮汐带，人工巡查监测的方法成本巨大，也导致了红树林的监测更具挑战性。遥感技术能够克服传统人工对红树林监测的困难，在红树林的监测和保护中，遥感技术具有许多优势。通过利用遥感数据和智能识别技术，开展红树林生长范围识别，可以实现对红树林的生境评估、植被健康监测、退化监测与治理、变化监测和气候变化研究等目标。这有助于更好地了解和保护红树林，维护其生态环境的完整性和稳定性，促进其可持续发展。

6.4.2 互花米草空间分布调查

1. 业务需求

互花米长空间分布调查，是采用智能遥感技术作为观测手段，依据全面、高分辨率的遥感图像提取特征信息，利用深度学习提取互花米草在图像中的特征，建立特征模型，识别互花米草生长空间分布。互花米草是海岸主要的生物入侵物种，具有耐盐、耐淹、抗风浪的特性，能够长时间淹没在海水中，繁殖能力强。在影像上呈现圆形或连片灰黑色、灰绿色的植被斑块，主要分布在潮汐带间，涨潮时被海水淹没。互花米草泛滥成灾，严重威胁了本土植被的生存和生物多样性，是海洋生态治理的主要消灭对象。开展互花米草空间分布调查，为互花米草清除提供空间数据，加快推进生态平衡和环境保护。

2. 样本建设

根据互花米草生长期分析，每年的 5 月下旬，互花米草植株进入返青期，开始生长活跃，至 10 月进入成熟期，11 月后互花米草初步进入衰老初期，至次年的 1—2 月进入休眠期。综合文献资料、野外调查数据以及涵盖互花米草生长期 5 月—次年 2 月的历史储存的多景多源高分辨率遥感影像对广西北海、钦州沿海岸线地区进行互花米草地物的目视判读，勾画图斑填充样本集。互花米草样本标注示例见附图 6-46。

3. 技术路线

以广西北海地区互花米草为研究对象，利用语义分割模型，对互花米草的图像数据集进行模型的训练、验证与测试，然后将训练好的模型对广西沿海区域的互花米草进行识别并标记，得到互花米草的分布图。

4. 应用成效

通过人工先验知识在高分辨率遥感影像中标注的样本，训练互花米草智能识别模型，利用互花米草智能识别模型提取了南方沿海区域的互花米草入侵分布，具体结果见附图6-47，互花米草识别结果见附图6-48。通过广西互花米草识别结果可知，互花米草在广西主要分布在北海市铁山港、北海市白沙镇、山口镇、党江镇、西场镇海岸，此外钦州市钦南区也有少量互花米草分布。通过对高分辨率影像进行人工解译，对北海市沿海互花米草进行矢量化获取验证样本，进行精度评价。验证结果显示，深度学习互花米草识别的查全率为0.703、准确率为0.788，交并比为0.586。

基于高分辨率影像的互花米草识别精度仍有较高的提升空间，其原因在于互花米草生长的复杂性。完全发育的互花米草与刚生长的互花米草形态差异大，生长在离岸潮汐地带和沿岸的互花米草形态也存在差异。潮汐是互花米草识别产生误差的最主要原因，部分互花米草生长位置离岸较远，在涨潮时容易被海水淹没，当用于识别的影像获取时间不是完全的潮落时，被海水淹没的互花米草区域难以被深度学习模型进行识别。但基于高分辨率影像的深度学习互花米草识别仍有巨大的应用前景，结合深度学习与人工判别仍能实现互花米草的早发现早处理。通过遥感调查互花米草空间分布，具有精确、高效、快速、大范围的优势，为水域生态系统保护与恢复、海洋生态决策支持提供科学依据。

6.4.3 生蚝养殖空间分布调查

1. 业务需求

生蚝养殖分布调查，是通过遥感技术，对于养殖生蚝的蚝排设施进行调查识别，获取蚝排分布位置、面积的数据，最终实现对生蚝养殖的监控。生蚝是日常生活中主要的海产品之一，生蚝养殖能促进经济增收，因此生蚝养殖规模巨大，但是生蚝养殖活动会污染海水。生蚝养殖周期较长，因此蚝排长期、连片地漂浮在海上，分布的区域较为固定，其时间和空间特征与船只区别较大。养殖生蚝需要投放肥料，增加海水中藻类等微生物量，藻类等微生物再作为生蚝的食物。因此，生蚝养殖会污染海水。开展生蚝养殖调查，摸清生蚝养殖范围、数量，控制生蚝养殖规模，促进海洋经济发展的同时，又能够保护海洋环境。

2. 样本制作

蚝排通常由浮筒、浮绳、锚定装置和蚝笼或蚝袋等构成。浮筒和浮绳为蚝笼提供浮力，确保它们能够漂浮在水面上，而锚定装置则用来固定蚝排，防止其因风浪而漂移。在分辨率高于1m的影像上能够明显地观察到蚝排的形态，因此在生蚝养殖较多的广西沿海地区进行蚝排的样本采集，获得蚝排矢量样本，采集工作在分辨率高于1m的遥感影像上进行。样本采集时以蚝排最外围作为边界，进行矢量化。获得的蚝排样本，用于对深度学习模型训练蚝排识别模型，最终实现生蚝养殖监测的目的。最终用于采集蚝排的影像图幅面积共801km²，图斑数量3562个。耗排样本标注示例见附图6-49。

3. 技术路线

生蚝主要通过蚝排养殖，因此通过对蚝排的识别进行生蚝养殖监测。首先进行蚝排样本采集，对蚝排进行矢量化，获取蚝排矢量样本；其次在获得蚝排样本后，利用蚝排样本矢量和影像进行样本分割；在获得分割样本后对模型进行训练，获得蚝排分割模型；获得蚝排分割模型后对模型进行测试，测试蚝排分割模型的精度，通过测试精度发现模型分割时的误分、漏分等内容，通过针对性增加正负样本的方法，继续训练模型，进行对蚝排分割模型的优化；在模型进行优化后，采用蚝排分割模型实现对生蚝养殖的自动识别。

4. 成效分析

利用深度学习语义分割模型，对遥感影像的海边生蚝养殖进行智能识别，具体结果见附图 6-50。验证结果显示，深度学习蚝排识别的查全率为 0.862、准确率为 0.825、交并比为 0.865。结果显示，对于成片养殖的蚝排，识别效果较好，但对于养殖群的编译及部分稀疏的蚝排，识别的效果仍有待提高。通过遥感技术调查生蚝养殖分布，克服潮汐、海风等海洋环境影响导致的人工调查风险大、效率低、工作量大的难题，为发展海洋经济、保护海洋环境提供了宝贵数据，展现了遥感技术在海洋经济调查中的巨大前景。

6.5 其他监测

6.5.1 应急洪涝灾害评估

1. 业务需求

洪涝灾害是世界范围内最为常见的自然灾害之一，具有突发性、广泛性和破坏性。洪涝灾害会对人类的生命财产、农田、交通等方面造成严重损失，对社会经济发展和生态环境造成巨大影响。遥感技术具有获取大范围、高分辨率的地表信息的能力，可以实时、全面、准确地获取洪涝灾害的影像数据，可以观测到洪水的空间分布、演变过程和影响范围，为灾害评估提供重要数据基础，及时了解洪涝灾害的范围、强度和影响，对灾害管理和应急响应具有重要意义。洪涝灾害评估的目的是为决策者和相关部门提供准确、及时的灾情信息，帮助他们制定应对策略、优化资源配置。案例利用全天候 SAR 数据结合数字高程模型对广西 2022 年 5 月初的洪涝灾害情况进行监测分析，为风险评估、抢险救灾、灾情分析、灾后重建等决策提供参考，在辅助洪涝风险控制线划定中发挥了重大作用。

2. 数据情况

传统光学数据在多云雨天气下可用数据几乎为零，无法利用光学卫星影像进行洪涝灾害监测。SAR 数据为主动遥感且雷达波波长长，能够穿透云雾雨，使得 SAR 即使在夜间、多云多雨的天气也能够获取大范围数据。为了获取广西地区的受强降雨影响的情况，收集了 1 月份少雨无雨期的雷达卫星数据以及 5 月份多时相的雷达卫星影像。

3. SAR 影像提取水体方法

本次监测利用的 C 波段的雷达卫星影像，主要是高分三号和哨兵一号，哨兵一号 12 天重复访问，数据可用性高；高分三号分辨率主要有 3、5、8、10m，数据分辨率高于哨兵，可作为哨兵数据的局部补充。

利用阈值等方法快速采集获取研究区域部分地区哨兵一号和高分三号不同区域类型、不同极化方式、不同时间的 SAR 影像水体数据集，构建水体提取样本库，并通过人工修正对样本库进行优化。然后利用人工智能技术深度学习中的 DeepLab V3+等相关算法构建遥感智能水体识别模型，在模型中使用不同采样率的空洞卷积和全局池化操作处理多尺度信息，逐步恢复细节的空间信息，使得水体识别中提取的边界准确度高；并采用深度可分离卷积，降低参数数列，提高计算效率。模型建立后利用前述已采集的样本库进行训练，最后形成的智能水体提取模型能够良好提取到各类水体，提取边界准确，误提取率低，提取效率高，仅 2～5min 即可完成整幅面积 40 多万平方千米哨兵影像或 5 万多平方千米高分三号的水体提取（GPU 配置为 NVIDIA GeForce RTX 3090 24GB），大幅度提高了 SAR 影像水体的高效化和智能化。

基于深度学习的水体范围智能提取，相比传统的阈值法单纯利用 SAR 影像后向散射系数强度外，在训练后，模型会学习目标样本中的水体纹理、形状等特性，从而避免了阈值法中受斑点影响、水体错误提取严重、遗漏提取多、水体边界不准确的缺点。

4. 灾情分析

广西 2022 年降雨比往年持续时间更长，从 5 月 9 日起，广西多地雨势逐渐加强，9—10 日强降雨落区主要集中在桂北、桂中，11—13 日广西南部局地有特大降雨，22 日新一轮的持续降雨更是造成广西多地出现洪涝灾害。

结合现有数据，提取了多地新增水体范围区域结果，见附图 6-51～附图 6-56。

从六组图可以看出河池市凤山县金牙瑶族乡、百色市平果市旧城镇床择村、南宁市城厢镇和桂林市灵川县青狮潭水库的多处湖泊、水塘水位上涨，恢复了丰水水位，部分淹没了附近水田。桂林市临桂区四塘镇由于地势低洼，几乎每年汛期都会不同程度受淹。桂林市象山区的城区及二塘乡出现有不同程度的内涝和积水。

本次监测利用 SAR 卫星影像结合数字高程模型，快速获取了广西 2022 年 5 月水体淹没区范围信息，根据提取的新增水体范围，持续降雨导致新增水体的地区主要集中在桂林市的临桂区、灵川县、象山区，柳州市的融安县，来宾市的忻城县，百色市的田东县等，主要导致城市道路积水严重、农田受淹，严重威胁人民生命财产安全。在这紧急的自然灾害面前，广西卫星中心迅速行动，充分利用雷达卫星数据的穿透云雨特点，紧急提取水位等关键信息，开展了洪涝遥感监测和评估工作，为江河洪水防汛、城镇洪涝灾害救援与灾情评估提供了有力助力。其中，卫星遥感 SAR 技术的应用使得监测具备了在云雨天气获取数据的能力，相对于传统的光学影像遥感监测技术，更为及时、全面地获取了洪涝灾害的实时数据。利用 SAR 卫星提取的河湖水域的水位变化可服务水库、堤坝抗汛防洪决策，道路、农田等受淹面积可用于灾后受灾情况评估。同时，卫星影像与实景三维平台的联合应用更是将遥感监测提升到了一个新的水平。通过实景三维平台，能够进行洪涝灾害淹没分析，与传统地面站观测资料进行融合，形成了一体化智慧感知体系。天空地一体化的监测方式不仅扩大了观测覆盖范围，也使得多源数据能够互补优势，全面、客观地掌握洪涝灾害的发生过程，精准统计灾害损失情况。基于 SAR 卫星数据和水体快速提取技术的紧急遥感监测和评估工作在洪涝灾害应对中发挥了关键作用。通过先进的遥感技术，不仅能够及时掌握洪涝灾害的动态情况，还能够为防汛抗洪、救援和灾情评估等提供决策支持。综合利用卫星雷达数据和实景三维平台的方式，既提高了监测的精度和时效性，也使得监测工作更具全面性和科学性。在自然灾害频发的背景下，先进的遥感监测手段为应对灾害提供了有力的技术支持，为广西的灾害管理和防范体系注入了新的活力。

6.5.2 建筑物提取与实体模型构建

1. 业务需求

建筑物提取技术在基础测绘数据快速更新和违法图斑整治中扮演着至关重要的角色。

通过利用高分辨率遥感图像和无人机摄影测量技术，我们可以快速获取地面建筑物的最新图像数据。提取得到的建筑物数据随后与现有基础测绘数据融合，以更新地理信息系统中的信息。这一过程不仅需要自动化技术的支持，还需要定期的数据验证与校正，确保信息的准确性。此外，建立自动化的数据更新流程对于实现基础测绘数据的实时或定期更新至关重要。在违法图斑整治方面，建筑物提取技术同样发挥着关键作用。通过识别不符合规划要求的建筑物，并结合三维平台进行实体模型构建，在此过程中相关部门可以迅速定位违法图斑，并对其进行详细记录和性质分析，帮助监督和管理整治过程，确保违法建筑得到有效处理。

2. 样本制作

建筑样本库建设过程中，要考虑不同城市之间的建筑物，选取具有不同建筑物的区域（如城区、郊区、乡村）进行样本制作，提高模型在大范围应用时的泛化能力；同时样本影像要具有多传感器、多时相特性，以提高模型的稳健性。本次样本制作区域覆盖了广西不同地级市、不同区域特征的建筑物，影像数据包括 BJ-2、BJ-3、GF-2、GF-7、JL-1、GJ-1、SV-2、WV-2 等优于 1m 分辨率的光学影像和 DEM 数据。

3. 技术路线

建筑物提取及实体模型快速构建，以及智慧园区三维可视化平台的融合，是一个集成了深度学习、三维建模、优化技术、平台集成和功能开发的复杂技术流程。首先，利用深度学习模型，尤其是卷积神经网络，自动识别建筑物分布区域，并通过后处理技术提取建筑物的轮廓和结构。随后，结合提取的建筑物轮廓和 LiDAR 数据，使用三维建模软件或算法快速构建出建筑物的三维模型。在模型构建的基础上，进行细节优化，如纹理映射和光照处理，以增强模型的真实感。接下来，将优化后的三维模型导入智慧园区三维可视化平台，确保模型与平台的兼容性，并进行必要的调整和优化。在此基础上，开发交互功能，包括放大、缩小、旋转视角和图层控制等，以提高用户体验。最终，利用平台的多角度观察功能，从不同视角对建筑物进行宏观和微观的分析。结合地理信息系统（GIS）和大数据分析技术，对建筑物的空间分布、密度等进行深入分析，并将分析结果以可视化的形式展示在智慧园区三维可视化平台上。

4. 成效分析

采用构建实体模型流程的具体过程如附图 6-57 所示。

随后智慧园区三维可视化平台融合已构建完成的实体模型，结果如附图 6-58 所示。将已构建好的实体模型与智慧园区三维可视化平台进行融合，可以看到城市区域不同角度的建筑物，可以进行宏观和微观具体观察，对于城市规划、土地管理、基础设施规划、灾害防控和智慧城市发展至关重要。这一过程不仅为城市规划者和政府提供决策支持，提高规划的准确性和可行性，而且通过分析建筑物的现状和潜力，帮助地方政府和房地产开发商作出合理的土地利用和投资决策，促进土地资源的合理利用和房地产市场的稳定发展。此外，通过建立城市的数字模型，可以优化城市空间布局和基础设施，提高运行效率和交通便利性。在灾害防控方面，准确的建筑物信息和模型为预警和应急救援提供重要参考，提高应对效率。同时，建筑物的智能识别和分类为城市交通管理、安全监测等提供技术支持，推动智慧城市和人工智能应用的创新，从而提升城市的智能化和可管理性，促进社会经济的可持续发展。

6.5.3 工业园区规划与建设监测

工业园区是城市经济发展的核心区域，其规划与建设发展均为重要的环节。在规划环节中，需要与"三区三线"成果套合，保证在城镇开发边界内，避免占用生态保护区和基本农田，同时以产业空间聚集为导向分析用地开发的可行性，在南方复杂地形区，大面积连片的平坦地形较为稀缺，且南方本身具备丰富的生态资源优势，生态保护区分布具备多、散、广的特色，工业园区规划选址难度较大；另外，在执行增量发展规划时，需兼顾已有规划区的开发情况，将指标用在"刀刃"上，避免将指标划分给低效利用区；在建设发展过程中，及时了解工业园区的建设变化和土地利用情况，有利于了解园区的建设实施情况，辅助区域经济发展和城市规划。在传统作业中，规划阶段所使用的基础地形图制作多以实地测量调绘方法为主，对园区规划成果实施监督；建设监测则多采用内业人工影像处理、目视解译为主，实地调研考察为辅的方法，均存在人力需求高、作业效率低、过程实施主观性强等问题。随着科技的迅猛发展，深度学习应用于影像处理、解译方面的技术日趋成熟，可结合不同阶段的解译需求，针对性地构建业务解译与分析模型，构建面向工业园区的"影像智能处理—智能解译—智能分析"的智能监测服务体系，服务工业园区规划与建设发展监测，提升监测效率、改善监管流程。

1. 业务对象分析

规划阶段：需开展全域或重点目标区域的用地现状分析，以现行《土地利用现状分类》GB/T 21010 为主要参考，明确一级类分类现状。

建设阶段：面向已批准建设的工业园区，建设监测按需可分为建设实施监测和建设率分析，针对不同需求，分别需开展建设变化监测和建设用地分析。根据《中华人民共和国土地管理法》第四条规定："建设用地是指建造建筑物、构筑物的土地，包括城乡住宅和公共设施用地、工矿用地、交通水利设施用地、旅游用地、军事设施用地等。"建设变化监测即对工业园区内的开发为建设用地的范围实施变化监测；建设用地分析则需明确已开展建设的范围，甚至明确内部的用地类型，示例图见附图 6-59。

2. 技术路线

基于遥感智能技术的南方复杂地形区工业园区建设的监测，主要结合了遥感技术和深度学习算法，高效地开展影像处理，对目标地区及监管区域开展智能用地分类信息提取、变化检测和统计分析，实现快速监测监管。如图 6-5 所示，技术流程主要包括数据获取与智能处理、样本数据预处理与建设、模型训练、智能解译和结果分析应用等环节。

（1）多模态数据采集和影像智能处理：因工业园区监测监管区域具有针对性，主要对象为建设用地，所使用的数据可以多光谱中高分辨率卫星影像为主，再结合不同阶段的监测监管频次和对象的需求，开展中低空航空摄影测量，或以定点拍摄、实地调查等手段获取数据；对获取的多模态数据进行快速、智能化的处理，为保障数据完整性、时效性或精准性，开展多模态数据融合处理。

（2）深度学习模型建设：主要分为样本制作和模型训练。在样本制作过程中，需根据业务分析结果，结合规划和建设阶段的管理应用需求，分别明确要素分类、建设变化和要素识别的对象，开展多模态样本制作，过程中应结合监测任务需求开展样本制作，若业务对象为单一园区或某一地区的几个园区，可集中优势力量，收集地区历史成果数据，开

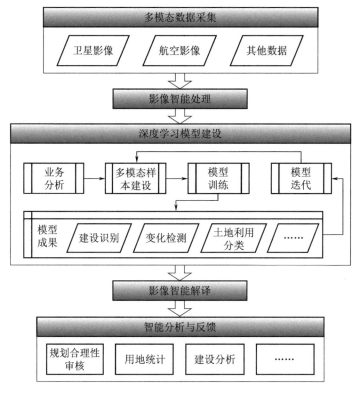

图 6-5　技术路线

展样本数据清洗与建设；若任务范围为省级以上行政区划，则需注意收集不同地形和环境条件下的建设特征，不同性质工业园区中特殊地类的影像表达，做好样本标记；开展模型训练，需按照业务场景做好样本整理，可适当开展样本增广（详细参考 4.1.5 节），优化样本，强化数据支撑，训练前做好测试区建设或规划，可利用已有成果构建测试区，也可按照一定比例将建成的样本划定为测试区；模型训练则可根据业务场景选择合适的网络架构，根据区域或任务特色选择优化器或增加自主优化方法，做好模型迭代训练效果监督，根据任务目标选择最优训练成果；后续在实际应用中对遗漏或错误解译对象及时收集、归纳、整理、反馈，进行样本优化和模型迭代优化。

（3）智能解译和分析反馈：将训练好的遥感深度学习模型集成到解译推理平台上，根据业务需求配置相应矢量后处理方法，并结合业务需求，嵌入具备空间信息的专题数据，按需构建面向业务的智能分析判断模型，对识别结果自动赋属性，形成具体数据对象或文字分析报告，推送给相应管理部门。

3. 成效分析

实际工作中，通过模型训练和系统集成，开展了广西重点工业园区建设分析，基于多年份高分辨率遥感影像，采用 AI 智能识别为主，人工校核为辅的方法，对广西壮族自治区级及以上园区按一定的时间间隔开展审批范围内建设情况识别，掌握产业园区审批范围内建设演变情况，为产业园区开发规模强度和集约节约用地提供支撑。建设率分析结果见附图 6-60；同时，对部分园区开展了建设监测，构建了主动影像制作、智能解译和分析结果主动推送的服务体系，变化提取结果见附图 6-61 和附图 6-62；工业园区提取结果见附图 6-63。

　　传统的监测手段往往耗时耗力，效率较低，无法满足对大规模园区的快速监测需求。随着工业园区规模的不断扩大和建设活动的日益增多，需要更先进、更智能的监测手段来适应复杂多变的园区环境。智能遥感深度学习方法的引入，不仅提高了监测效率，还使监管流程更加智能化，更好地适应了现代城市管理的需求，为工业园区的可持续发展提供了坚实的技术支撑。该项目综合运用遥感、地信、测绘等多种技术，对工业园区建设起到了重要的推动作用。通过提高监测效率、保障环境安全、提供科学决策支持，为工业园区的可持续发展奠定了坚实基础。随着技术的不断进步，智能监测系统在工业园区建设中的应用将会更加广泛，为未来的城市规划和管理提供更为科学、智能的解决方案。

7

未来展望

当前，遥感图像智能解译技术在南方复杂场景区域的应用面临若干挑战。首先，场景的复杂性对图像质量有着显著影响，导致光照条件和视角在不同区域存在较大差异，这直接影响了图像的一致性和解译精度。其次，数据采集的时空分辨率受到成本和技术的限制，特别是在地形复杂的南方地区，获取高时空分辨率的遥感数据仍然是一个难题。此外，现有深度学习模型训练存在地域偏差，缺乏对复杂地形的适应性，限制了模型的泛化能力。同时，多源数据融合的挑战和算法的计算效率及实时性问题也需要进一步解决。展望未来，深度学习模型的持续创新与优化将成为推动遥感图像智能解译技术发展的关键因素。以下是未来研究和探讨的主要方向。

1. 深度学习模型的持续创新与优化

随着深度学习技术的不断进步，未来的深度学习模型将更加精细化和专业化。针对南方复杂地形区域的特点，模型将需要具备更强的自适应能力，以应对多变的地形和环境条件。例如，通过引入注意力机制和图卷积网络，模型可以更加关注图像中的关键特征，提高解译的准确性。

2. 高分辨率遥感数据的获取与应用

随着遥感技术的发展，未来将有更多的高分辨率数据可供使用。这些数据将使得深度学习模型能够捕捉到更细微的地表特征，从而提高解译的精度。此外，多时相数据的获取也将为动态监测和变化检测提供可能，为环境监测和资源管理提供更丰富的信息。

3. 多源数据融合技术的发展

多源数据融合是提高遥感图像解译精度的关键。未来的研究将集中在如何更有效地整合光学、雷达、红外等多种类型的遥感数据，以及如何利用这些数据进行更深层次的特征提取和信息挖掘。具体如下：

（1）特征级融合：在特征提取阶段就进行数据融合，以充分利用不同数据源的信息。

（2）决策级融合：在模型的决策阶段进行数据融合，结合不同模型的预测结果，提高解译的准确性。

（3）物理模型融合：结合物理模型和深度学习模型，利用物理过程的知识来指导数据融合和解译过程。

4. 计算效率与实时处理能力的提升

实时处理能力对于许多应用场景至关重要。未来的研究将致力于优化算法，减少计算资源的消耗，并利用并行计算、云计算等技术提高处理速度，以满足实时监测和快速响应的需求。具体如下：

（1）算法优化：优化深度学习模型的结构和参数，减少计算量，提高模型的运行效率。

（2）硬件加速：利用 GPU、TPU 等专用硬件加速深度学习模型的训练和推理过程。

（3）边缘计算：在数据采集点附近进行数据处理，减少数据传输的延迟，提高实时处理能力。

（4）云计算与分布式计算：利用云计算资源和分布式计算框架，实现大规模数据处理和模型训练。

5. 遥感大模型的研发及应用

未来的遥感大模型可以采用自适应预训练策略，以更好地处理南方复杂地形区域的遥感图像。通过自监督学习和对比学习等预训练技术，模型能够在大规模未标注的遥感数据集上学习到鲁棒的特征表示。此外，研究将探索如何根据地形的复杂性动态调整预训练过程，例如，通过引入地形特定的数据增强技术或调整学习率策略，以增强模型对复杂地形特征的捕捉能力。这种方法不仅可以减少对大量标注数据的依赖，还能提高模型在新数据上的泛化性能，尤其是在多变的南方地形环境中。

6. 跨学科合作与知识整合

遥感图像解译是一个多学科交叉的领域，需要地理学、生态学、计算机科学等多个领域的知识和技术。未来的研究将更加注重跨学科的合作，通过整合不同领域的知识和技术，共同解决复杂地形区域的遥感图像解译问题。

7. 技术创新与应用拓展

随着技术的不断创新，遥感图像解译的应用领域将不断拓展。除了传统的土地利用、植被监测等领域，未来还将涉及城市发展、交通规划、公共安全等多个方面，为社会经济发展提供支持。

参考文献

［1］ SALAS E A L, HENEBRY G M. A new approach for the analysis of hyperspectral data: theory and sensitivity analysis of the Moment Distance Method ［J］. Remote sensing, 2013, 6（1）: 20 - 41.

［2］ LIU J, LIANG J, YUAN X, et al. An integrated model for assessing heavy metal exposure risk to migratory birds in wetland ecosystem: a case study in Dongting Lake Wetland, China ［J］. Chemosphere, 2015, 135: 14 - 19.

［3］ WU X, LV M, JIN Z, et al. Normalized difference vegetation index dynamic and spatiotemporal distribution of migratory birds in the Poyang Lake Wetland, China ［J］. Ecological indicators, 2014, 47: 219 - 230.

［4］ 陈龙, 宋文龙, 杨永民, 等. 2022 年长江流域旱情遥感监测 ［J/OL］. 中国防汛抗旱, 2023, 33（2）: 26 - 30.

［5］ 邰源冰, 张红艳, 彭国樟, 等. 卫星遥感在 2022 年长江流域旱情监测中的应用 ［J］. 卫星应用, 2023（5）: 51 - 55.

［6］ FENG L, HU C, CHEN X, et al. Assessment of inundation changes of Poyang Lake using MODIS observations between 2000 and 2010 ［J］. Remote sensing of environment, 2012, 121: 80 - 92.

［7］ WANG J, SHENG Y, TONG T S D. Monitoring decadal lake dynamics across the Yangtze Basin downstream of Three Gorges Dam ［J］. Remote sensing of environment, 2014, 152: 251 - 269.

［8］ HOU X, SHAO J, CHEN X, et al. Changes in the soil erosion status in the middle and lower reaches of the Yangtze River basin from 2001 to 2014 and the impacts of erosion on the water quality of lakes and reservoirs ［J］. International journal of remote sensing, 2020, 41（8）: 3175 - 3196.

［9］ 刘兆敏, 张玉超, 关保华, 等. 长江中下游湖泊群不同生活型水生植物分布的时空变化（1986—2020 年）［J］. 湖泊科学, 2023, 35（6）: 2022 - 2036.

［10］ 闫大鹏. GEE 平台支持的长江中下游湖泊水生植被提取 ［D/OL］. 徐州: 江苏师范大学, 2021.

［11］ LIU Y, ZHOU Y. Reflections on China's food security and land use policy under rapid urbanization ［J］. Land use policy, 2021, 109: 105699.

［12］ JIANG L, WU S, LIU Y. Change analysis on the spatio - temporal patterns of main crop planting in the middle Yangtze plain ［J］. Remote sensing, 2022, 14（5）: 1141.

［13］ 尹国应, 张洪艳, 张良培. 2001—2019 年长江中下游农业干旱遥感监测及植被敏感性分析 ［J/OL］. 武汉大学学报（信息科学版）, 2022, 47（8）: 1245 - 1256, 1270.

［14］ 王世杰, 张信宝, 白晓永. 中国南方喀斯特地貌分区纲要 ［J/OL］. 山地学报, 2015, 33（6）: 641 - 648.

［15］ 王韵秋, 胡业翠, 高梦雯, 等. 多维视角下广西喀斯特石漠化地区国土空间生态修复分区 ［J］. 农业工程学报, 2023, 39（1）: 223 - 231.

［16］ 王世杰. 喀斯特石漠化概念演绎及其科学内涵的探讨 ［J］. 中国岩溶, 2002（2）: 31 - 35.

［17］ 王世杰. 喀斯特石漠化: 中国西南最严重的生态地质环境问题 ［J］. 矿物岩石地球化学通报, 2003（2）: 120 - 126.

［18］ 陈燕丽, 唐梅蓉, 张会, 等. 广西喀斯特地区植被覆盖度和净初级生产力对 SPEI 干旱指数的响应差异 ［J］. 干旱气象, 2022, 40（6）: 1042 - 1050.

［19］ 唐华康. 基于深度学习的喀斯特地区遥感影像土地利用/覆盖变化检测研究 ［D/OL］. 贵阳: 贵

州大学，2022.

［20］ BAZI Y, BRUZZONE L, MELGANI F. Automatic identification of the number and values of decision thresholds in the log－ratio image for change detection in SAR images ［J］. IEEE geoscience and remote sensing letters, 2006, 3（3）：349－353.

［21］ INGLADA J, MERCIER G. A new statistical similarity measure for change detection in multitemporal SAR images and its extension to multiscale change analysis ［J］. IEEE transactions on geoscience and remote sensing, 2007, 45（5）：1432－1445.

［22］ DENG J S, WANG K, DENG Y H, et al. PCA-based land-use change detection and analysis using multitemporal and multisensor satellite data ［J］. International journal of remote sensing, 2008, 29（16）：4823－4838.

［23］ 王士刚. 基于视觉显著性和稀疏学习的雷达图像目标检测 ［D］. 西安：西安电子科技大学，2018.

［24］ 张兆干，杨剑明，王祥，等. 喀斯特地貌地表空间结构分类及特征：以贵州普定县后寨地区为例 ［J］. 南京大学学报（自然科学版），1996（2）：124－130.

［25］ LIAO H, LONG J, LI J. Soil organic carbon associated in size－fractions as affected by different land uses in karst region of Guizhou, Southwest China ［J］. Environmental earth sciences, 2015, 74：6877－6886.

［26］ 秦伟伟，宋泰年，刘洁瑜，等. 基于轻量化 YOLOv3 的遥感军事目标检测算法 ［J］. 计算机工程与应用，2021, 57（21）：263－269.

［27］ 李兵，罗涛，施佳子，等. 卫星遥感大数据赋能农业金融 ［J］. 地理空间信息，2023, 21（10）：28－31.

［28］ 苗加庆. 非凸优化模型及算法在医学和遥感图像的应用研究 ［D/OL］. 成都：电子科技大学，2019.

［29］ 朱建军，付海强，汪长城. InSAR 林下地形测绘方法与研究进展 ［J/OL］. 武汉大学学报（信息科学版），2018, 43（12）：2030－2038.

［30］ BEAZELEY G A. Air photography in archaeology ［J］. Geographical journal, 1919：330－335.

［31］ 刘一丹，姚晓军，李宗省，等. 气候变化和土地利用覆盖变化对河西地区植被净初级生产力的影响 ［J］. 干旱区研究，2024：1－13.

［32］ 梁锦涛，陈超，孙伟伟，等. 长时序 Landsat 和 GEE 云平台的杭州湾土地利用/覆被变化时空格局演变 ［J］. 遥感学报，2023, 27（6）：1480－1495.

［33］ 王永祥，徐园园，杨佳嘉，等. 基于 Landsat 的重庆市生态环境质量动态监测及其时空格局演变分析 ［J］. 生态学报，2023, 43（15）：6278－6292.

［34］ LEE J S. Digital image enhancement and noise filtering by use of local statistics ［J］. IEEE transactions on pattern analysis and machine intelligence, 1980（2）：165－168.

［35］ SCHOWENGERDT R A. Techniques for image processing and classifications in remote sensing ［M］. ［S. l.］：Academic Press, 2012.

［36］ GUO J, YANG F, TAN H, et al. Image matching using structural similarity and geometric constraint approaches on remote sensing images ［J］. Journal of applied remote sensing, 2016, 10（4）：7－45.

［37］ STRATOULIAS D, TOLPEKIN V, DE BY R A, et al. A workflow for automated satellite image processing：from raw VHSR data to object－based spectral information for smallholder agriculture ［J］. Remote sensing, 2017, 9（10）：1048.

［38］ MESEV V. Integration of GIS and remote sensing ［M］. ［S. l.］：John Wiley & Sons, 2008.

［39］ SANDER P, CHESLEY M M, MINOR T B. Groundwater assessment using remote sensing and GIS in a rural groundwater project in Ghana：lessons learned ［J］. Hydrogeology journal, 1996, 4：40－49.

［40］ JAISWAL R K, MUKHERJEE S, KRISHNAMURTHY J, et al. Role of remote sensing and GIS techniques for generation of groundwater prospect zones towards rural development：an approach［J］. International journal of remote sensing, 2003, 24（5）：993 - 1008.

［41］ HOWARI F M, SHERIF M M, SINGH V P, et al. Application of GIS and remote sensing techniques in identification, assessment and development of groundwater resources［M］//Groundwater：resource evaluation, augmentation, contamination, restoration, modeling and management. Dordrecht：Springer Netherlands, 2007：1 - 25.

［42］ 许新征, 丁世飞, 史忠植, 等. 图像分割的新理论和新方法［J］. 电子学报, 2010, 38（S1）：76 - 82.

［43］ 马玉真, 胡亮, 方志强, 等. 计算机视觉检测技术的发展及应用研究［J/OL］. 济南大学学报（自然科学版）, 2004（3）：222 - 227.

［44］ 张耀波, 张迁. 基于 SVM 的遥感影像的分类［J］. 地理空间信息, 2005（4）：24 - 26.

［45］ 苏腾飞, 罗艳云, 翟涌光, 等. 随机森林遥感图像分类实验教学软件开发研究［J］. 测绘与空间地理信息, 2021, 44（11）：80 - 83, 86.

［46］ 陈斯娅. 基于距离的遥感图像分类方法研究［D］. 长春：东北师范大学, 2018.

［47］ 陈蕊, 张继超. 基于 eCognition 的遥感图像面向对象分类方法研究［J］. 测绘与空间地理信息, 2020, 43（2）：91 - 95.

［48］ 朱婉玲, 贾渊. 基于轻量语义分割网络的遥感土地覆盖分类［J/OL］. 计算机系统应用, 2023：1 - 9［2023 - 12 - 28］.

［49］ 曹哲骁, 傅瑶, 王丽, 等. 基于深度学习网络的遥感图像异常检测方法研究［J］. 空间控制技术与应用, 2023, 49（6）：77 - 85.

［50］ 李成范, 孟令奎, 刘学锋. 基于深度学习的高分遥感图像建筑物识别［J］. 应用科学学报：1 - 13.

［51］ 张兵, 高连如, 李嘉鑫, 等. 高/多光谱遥感图像超分辨率融合研究进展与展望［J］. 测绘学报, 2023, 52（7）：1074 - 1089.

［52］ 姚建国. 基于自监督学习的航空激光点云语义分割［D/OL］. 长沙：中南大学, 2022.

［53］ 李震, 李山山, 葛小青. 迁移学习方法提取高分一号影像汶川地震震后滑坡［J］. 遥感学报, 2023, 27（8）：1866 - 1875.

［54］ DI L, YU E. Remote sensing big data computing［M］//Remote sensing big data. Cham：Springer International Publishing, 2023：73 - 93.

［55］ BAUMANN P, MAZZETTI P, UNGAR J, et al. Big data analytics for earth sciences：the earth server approach［J］. International journal of digital earth, 2016, 9（1）：3 - 29.

［56］ 付东杰, 肖寒, 苏奋振, 等. 遥感云计算平台发展及地球科学应用［J］. 遥感学报, 2021, 25（1）：220 - 230.

［57］ 汤以胜, 孙晓敏, 陈前, 等. 基于遥感大数据云计算平台下的水稻识别研究［J］. 航天返回与遥感, 2022, 43（3）：113 - 123.

［58］ 刘震. 云计算平台下遥感图像分类算法的并行化技术研究［D］. 南京：南京理工大学, 2017.

［59］ 王小娜, 田金炎, 李小娟, 等. Google Earth Engine 云平台对遥感发展的改变［J］. 遥感学报, 2022, 26（2）：299 - 309.

［60］ CHU L, OLOO F, SUDMANNS M, et al. Monitoring long - term shoreline dynamics and human activities in the Hangzhou Bay, China, combining daytime and nighttime EO data［J］. Big earth data, 2020, 4（3）：242 - 264.

［61］ 王滢, 李代伟, 张帆, 等. 基于 Google Earth Engine 的巢湖流域生态环境质量时空动态变化及影响因素分析［J/OL］. 测绘通报, 2023（7）：7 - 13.

［62］ 李德仁, 张良培, 夏桂松. 遥感大数据自动分析与数据挖掘［J/OL］. 测绘学报, 2014, 43（12）：1211 - 1216.

［63］ LIU J, WANG W, ZHONG H. Earth data miner：a cloud - based big earth data intelligence analysis platform ［C］//IOP Conference Series：Earth and Environmental Science. ［S.l.］：IOP Publishing, 2020：12－32.

［64］程伟, 钱晓明, 李世卫, 等. 时空遥感云计算平台 PIE－Engine Studio 的研究与应用 ［J］. 遥感学报, 2022, 26 (2)：335－347.

［65］LIU H, LIAO T, WANG Y, et al. Fine-grained wetland classification for national wetland reserves using multi－source remote sensing data and Pixel Information Expert Engine (PIE－Engine) ［J］. GIScience & remote sensing, 2023, 60 (1)：2286746.

［66］BÜHLER M M, SEBALD C, RECHID D, et al. Application of copernicus data for climate－relevant urban planning using the example of water, heat, and vegetation ［J］. Remote sensing, 2021, 13 (18)：3634.

［67］吕华权, 郭小玉, 欧阳艳梅, 等. 广西国家级自然保护地人类活动遥感监测及应用 ［J］. 测绘与空间地理信息, 2023, 46 (8)：120, 121, 126.

［68］莫建飞, 陈燕丽, 莫伟华. 广西喀斯特地区植被生态质量多尺度时空演变分析 ［J］. 中国岩溶, 2023, 42 (5)：1117－1130.

［69］陈启英. 基于多源遥感数据时空融合的喀斯特地区植被覆盖度及动态变化分析 ［D/OL］. 贵阳：贵州师范大学, 2020.

［70］王玉娟, 杨胜天, 吕涛, 等. 喀斯特地区植被净第一性生产力遥感动态监测及评价：以贵州省中部地区为例 ［J］. 资源科学, 2008 (9)：1421－1430.

［71］ZHANG R, LUO H, ZOU Y, et al. Discussion on possibility of the identification of karst vegetation communities based on OLI data ［C］ //2014 the third international conference on agro－geoinformatics. IEEE, 2014：1－7.

［72］QU L, HAN W, LIN H, et al. Estimating vegetation fraction using hyperspectral pixel unmixing method：a case study of a karst area in China ［J］. IEEE journal of selected topics in applied earth observations and remote sensing, 2014, 7 (11)：4559－4565.

［73］ZHANG X, SHANG K, CEN Y, et al. Estimating ecological indicators of karst rocky desertification by linear spectral unmixing method ［J］. International journal of applied earth observation and geoinformation, 2014, 31：86－94.

［74］GUIMARÃES N, PÁDUA L, MARQUES P, et al. Forestry remote sensing from unmanned aerial vehicles：a review focusing on the data, processing and potentialities ［J］. Remote sensing, 2020, 12 (6)：1046.

［75］ZHANG Z, OUYANG Z, XIAO Y, et al. Using principal component analysis and annual seasonal trend analysis to assess karst rocky desertification in southwestern China ［J］. Environmental monitoring and assessment, 2017, 189：1－19.

［76］尹林江, 周忠发, 李韶慧, 等. 基于无人机可见光影像对喀斯特地区植被信息提取与覆盖度研究 ［J］. 草地学报, 2020, 28 (6)：1664－1672.

［77］MORENO J L, ORTEGA J F, MORENO M Á, et al. Using an unmanned aerial vehicle (UAV) for lake management：ecological status, lake regime shift and stratification processes in a small Mediterranean karstic lake ［J］. Limnetica, 2022, 41 (2).

［78］TMUŠI G, MANFREDA S, AASEN H, et al. Current practices in UAS－based environmental monitoring ［J］. Remote sensing, 2020, 12 (6)：1001.

［79］DAI L, ZHANG G, GONG J, et al. Autonomous learning interactive features for hyperspectral remotely sensed data ［J］. Applied sciences, 2021, 11 (21)：10502.

［80］PULITI S, BREIDENBACH J, ASTRUP R. Estimation of forest growing stock volume with UAV laser scanning data：can it be done without field data? ［J］. Remote sensing, 2020, 12 (8)：1245.

［81］PETERSON K T, SAGAN V, SLOAN J J. Deep learning－based water quality estimation and anomaly detection using Landsat－8/Sentinel－2 virtual constellation and cloud computing［J］. GIScience & remote sensing, 2020, 57 (4): 510－525.

［82］ NIU C, TAN K, JIA X, et al. Deep learning based regression for optically inactive inland water quality parameter estimation using airborne hyperspectral imagery［J］. Environmental pollution, 2021, 286: 117534.

［83］ 林家元, 程亚男. 基于无人机遥感影像的裸岩识别及早期石漠化评价［J］. 西南大学学报（自然科学版）, 2022, 44 (12): 125－135.

［84］ 习靖, 姜琦刚, 刘骅欣, 等. 基于 Sentinel－2A 的喀斯特石漠化信息提取及成因分析［J］. 吉林大学学报（地球科学版）, 2023, 53 (4): 1301－1312.

［85］ YUE Y M, WANG K L, ZHANG B, et al. Remote sensing of fractional cover of vegetation and exposed bedrock for karst rocky desertification assessment［J］. Procedia environmental sciences, 2012, 13: 847－853.

［86］ LI S, WU H. Mapping karst rocky desertification using Landsat 8 images［J］. Remote sensing letters, 2015, 6 (9): 657－666.

［87］ CHEN F, WANG S, BAI X, et al. Assessing spatial－temporal evolution processes and driving forces of karst rocky desertification［J］. Geocarto international, 2021, 36 (3): 262－280.

［88］ QI X, ZHANG C, WANG K. Comparing remote sensing methods for monitoring karst rocky desertification at sub－pixel scales in a highly heterogeneous karst region［J］. Scientific reports, 2019, 9 (1): 13368.

［89］ 赵馨. 深度学习支持下石漠化耕地提取及其生态风险评价［D/OL］. 贵阳：贵州师范大学, 2021. DOI: 10.27048/d.cnki.ggzsu.2021.000070.

［90］ SHI S, HU B, YAN Y, et al. Dynamic evolution of the ecological carrying capacity of poverty－stricken karst counties based on ecological footprints: a case study in Northwestern Guangxi, China［J］. International journal of environmental research and public health, 2020, 17 (3): 991.

［91］ LUO X, LI X, WU Y, et al. Research on change detection method of high－resolution remote sensing images based on subpixel convolution［J］. IEEE journal of selected topics in applied earth observations and remote sensing, 2020, 14: 1447－1457.

［92］ DU P, WANG X, CHEN D, et al. An improved change detection approach using tri－temporal logic－verified change vector analysis［J］. ISPRS journal of photogrammetry and remote sensing, 2020, 161: 278－293.

［93］ FRIMPONG B F, KORANTENG A, ATTA－DARKWA T, et al. Land cover changes utilising landsat satellite imageries for the Kumasi metropolis and its adjoining municipalities in Ghana (1986－2022)［J］. Sensors, 2023, 23 (5): 2644.

［94］ ALSHARIF M, ALZANDI A A, SHRAHILY R, et al. Land use land cover change analysis for urban growth prediction using landsat satellite data and Markov chain model for Al Baha region Saudi Arabia［J］. Forests, 2022, 13 (10): 1530.

［95］ ZEGAIT R, BOUZNAD I E, REMINI B, et al. Comprehensive model for sustainable water resource management in Southern Algeria: integrating remote sensing and WEAP model［J］. Modeling earth systems and environment, 2023: 1－16.

［96］ 欧阳许童, 张璇, 李维庆, 等. 基于 Sentinel－2 和 Landsat 卫星时序数据的耕地撂荒识别［J/OL］. 测绘通报, 2023 (8): 57－62. DOI: 10.13474/j.cnki.11－2246.2023.0232.

［97］ DE VROEY M, DE VENDICTIS L, ZAVAGLI M, et al. Mowing detection using Sentinel－1 and Sentinel－2 time series for large scale grassland monitoring［J］. Remote sensing of environment, 2022, 280: 113145.

［98］ ZHANG P, DU P, GUO S, et al. A novel index for robust and large－scale mapping of plastic greenhouse from Sentinel－2 images ［J］. Remote sensing of environment, 2022, 276：113042.

［99］ 白杨林, 吕凤军, 苏鸿博, 等. 高光谱遥感蚀变矿物信息提取研究综述［J/OL］. 遥感信息, 2023, 38（1）：1－10.

［100］ 刘玥伶, 舒清态, 黄金君. 高光谱遥感在树种精细识别中的研究进展［J］. 云南地理环境研究, 2021, 33（6）：1－6, 15.

［101］ JIN S, ZHANG W, YANG P, et al. Spatial－spectral feature extraction of hyperspectral images for wheat seed identification ［J］. Computers and electrical engineering, 2022, 101：108077.

［102］ KRIEGER G, HAJNSEK I, PAPATHANASSIOU K P, et al. Interferometric syntheticaperture radar （SAR） missions employing formation flying ［J］. Proceedings of the IEEE, 2010, 98（5）：816－843.

［103］ FORKEL M, SCHMIDT L, ZOTTA R M, et al. Estimating leaf moisture content a tglobal scale from passive microwave satellite observations of vegetation optical depth ［J］. Hydrology and earth system sciences, 2023, 27（1）：39－68.

［104］ WANG H, WIGNERON J P, CIAIS P, et al. Seasonal variations in vegetation water content retrieved from microwave remote sensing over Amazon intact forests ［J］. Remote sensing of environment, 2023, 285：113409.

［105］ BRAKENRIDGE G R, NGHIEM S V, KUGLER Z. Passive microwave radiometry at different frequency bands for river discharge retrievals ［J］. Earth and space science, 2023, 10（8）.

［106］ GOROOH V A, ASANJAN A A, NGUYEN P, et al. Deep neural network high Spatiotemporal resolution precipitation estimation （Deep－STEP） using passive microwave and infrared data ［J］. Journal of hydrometeorology, 2022, 23（4）：597－617.

［107］ XIONG C, YANG J, PAN J, et al. Mountain snow depth retrieval from optical and passive microwave remote sensing using machine learning ［J］. IEEE geoscience and remote sensing letters, 2022, 19：1－5.

［108］ TANG J, LIANG J, YANG Y, et al. Revealing the structure and composition of the restored vegetation cover in semi－arid mine dumps based on LiDAR and hyperspectral images ［J］. Remote sensing, 2022, 14（4）：978.

［109］ SETYAWAN A A, TAFTAZANI M I, BAHRI S, et al. Drone LiDAR application for 3D city model ［J］. Journal of applied geospatial information, 2022, 6（1）：572－576.

［110］ 雷秋佳, 刘婧, 曹新运. 利用机载 LiDAR 数据的开放 DEM 产品精度评估 ［J］. 武汉大学学报（信息科学版）, 2022：1－16.

［111］ LI M, YIN X, TANG B H, et al. Accuracy assessment of high－resolution globally available open－source DEMs using ICESat/GLAS over mountainous areas, a case study in Yunnan Province, China ［J］. Remote sensing, 2023, 15（7）：1952.

［112］ NARIN O G, ABDIKAN S. Multi－temporal analysis of inland water level change using ICESat－2 ATL－13 data in lakes and dams ［J］. Environmental science and pollution research, 2023, 30（6）：15364－15376.

［113］ FEOFILOV A G, CHEPFER H, NOËL V, et al. Incorporating Earth CARE observations into a multi－lidar cloud climate record：the ATLID（Atmospheric Lidar）cloud climate product ［J］. Atmospheric measurement techniques, 2023, 16（13）：3363－3390.

［114］ BEHRENFELD M J, HU Y, BISSON K M, et al. Retrieval of ocean optical and plankton properties with the satellite Cloud－Aerosol Lidar with Orthogonal Polarization （CALIOP） sensor：background, data processing, and validation status ［J］. Remote sensing of environment, 2022, 281：113235.

［115］ ASALY S, GOTTLIEB L A, INBAR N, et al. Using support vector machine （SVM） with GPS ionospheric TEC estimations to potentially predict earthquake events ［J］. Remote sensing, 2022, 14（12）：2822.

[116] WANG H, DAI W, YU W. BDS/GPS Multi－baseline relative positioning for deformation monitoring [J]. Remote sensing, 2022, 14（16）：3884.

[117] LI B, MI J, ZHU H, et al. BDS－3/GPS/Galileo OSB estimation and PPP－AR positioning analysis of different positioning models [J]. Remote sensing, 2022, 14（17）：4207.

[118] ZHOU T, SI J, WANG L, et al. Automatic detection of underwater small targetsusing forward－looking sonar images [J]. IEEE transactions on geoscience and remote sensing, 2022, 60：1－12.

[119] LI J, CHEN L, SHEN J, et al. Improved neural network with spatial pyramid pooling and online datasets preprocessing for underwater target detection based on side scan sonar imagery [J]. Remote sensing, 2023, 15（2）：440.

[120] XU Y, ZHENG R, ZHANG S, et al. Robust inertial－aided underwater localization based on imaging sonar keyframes [J]. IEEE transactions on instrumentation and measurement, 2022, 71：1－12.

[121] KURIHARA J, TAKAHASHI Y, SAKAMOTO Y, et al. HPT: a high spatial resolution multispectral sensor for microsatellite remote sensing [J]. Sensors, 2018, 18（2）：619.

[122] KOSTAMOVAARA J, JAHROMI S, HALLMAN L, et al. Solid－state pulsed time－of－flight 3－D range imaging using CMOS SPAD focal plane array receiver and block－based illumination techniques [J]. IEEE photonics journal, 2022, 14（2）：1－11.

[123] KONDRATOVICH V. Method for assessment of the apparent detector stack positionin a whisk－broom sensor [J]. Journal of applied remote sensing, 2022, 16（1）：14523.

[124] HU Z, LI X, LI L, et al. Wide－swath and high－resolution whisk－broom imaging and on－orbit performance of SDGSAT－1 thermal infrared spectrometer [J]. Remote sensing of environment, 2024, 300：113887.

[125] KIM J I, CHI J, MASJEDI A, et al. High - resolution hyperspectral imagery from pushbroom scanners on unmanned aerial systems [J]. 2022.

[126] Computational intelligence for remote sensing [M]. [S. l.]：Springer, 2008.

[127] MEARS C, MANASTER A, WENTZ F. A computationally efficient approach for resampling microwave radiances from conical scanners to a regular earth grid [J]. Remote sensing, 2023, 15（20）：5047.

[128] MEHRABAN A, BAO Y, YEBOAH E, et al. Dust outbreaks across east Iran：application of multi－source remote sensing data（AMSR－E and FengYun3－MWRI）on the effects of soil moisture [J]. Journal of geography, environment and earth science international, 2023, 27（9）：1－18.

[129] MONTERO M, REUL N, MONTÉGUT C D B, et al. SSS estimates from AMSR－E radiometer in the Bay of Bengal：algorithm principles and limits [J]. IEEE transactions on geoscience and remote sensing, 2023.

[130] TAO P, TAN K, KE T, et al. Recognition of ecological vegetation fairy circles in intertidal salt marshes from UAV LiDAR point clouds [J]. International journal of applied earth observation and geoinformation, 2022, 114：103029.

[131] 赵崇文. 人工神经网络综述 [J]. 山西电子技术, 2020（3）：94－96.

[132] 王惊晓. Budget 感知机研究综述 [J]. 电脑知识与技术, 2012, 8（14）：3371－3373.

[133] 马世龙, 乌尼日其其格, 李小平. 大数据与深度学习综述 [J]. 智能系统学报, 2016, 11（6）：728－742.

[134] ACKLEY D, HINTON G, SEJNOWSKI T. A learning algorithm for boltzmann machines [J]. Cognitive science, 1985, 9（1）：147－169.

[135] SMOLENSKY P. Information processing in dynamical systems：foundations of harmony theory [M]. Cambridge：MIT Press, 1986：194－281.

[136] RUMELHART D, MCCLELLAND J. Parallel distributed processing：explorations in the microstructure of cognition：foundations [M]. Cambridge：MIT Press, 1987.

［137］ HIHI S, BENGIO Y. Hierarchical recurrent neural networks for long-term dependencies ［J］. Advances in neural information processing systems, 1995, 8: 493－499.

［138］ HOCHREITER S, SCHMIDHUBER J. Long－term memory ［J］. Neural computation, 1997, 9 (8): 1735－1780.

［139］ WERBOS P. Backpropagation through time: what it does and how to do it ［J］. Proceedings of the IEEE, 1990, 78 (10): 1550－1560.

［140］ CHEN H, MURRAY A. A continuous restricted boltzmann machine with a hardware-amenable learning algorithm ［J］. Lecture notes in computer science, 2002, 2415: 358－363.

［141］ 周飞燕, 金林鹏, 董军. 卷积神经网络研究综述 ［J］. 计算机学报, 2017, 40 (6): 1229－1251.

［142］ HINTON G, SALAKHUTDINOV R. Reducing the dimensionality of data with neural networks ［J］. Science, 2006, 313 (5786): 504－507.

［143］ SALAKHUTDINOV R, LAROCHELLE H. Efficient learning of deep boltzmann machines ［C］. Sardinia: Thirteenth International Conference on Artificial Intelligence and Statistics, 2010: 693－700.

［144］ KRIZHEVSKY A, SUTSKEVER I, HINTON G. ImageNet classification with deep convolutional neural networks ［J］. Advances in neural information processing systems, 2012, 25 (2): 1097－1105.

［145］ IOFFE S, SZEGEDY C. Batch normalization: accelerating deep network training by reducing internal covariate shift ［C］. Lile: International Conference on Machine Learning, 2015: 448－456.

［146］ SIMONYAN K, ZISSERMAN A. Very deep convolutional networks for large－scale image recognition ［J］. ArXiv preprint arXiv: 1409. 1556, 2014: 1－14.

［147］ GOODFELLOW I, POUGET－ABADIE J, MIRZA M, et al. Generative adversarial nets ［J］. Advances in neural information processing systems, 2014, 27: 1－9.

［148］ HE K, ZHANG X, REN S, et al. Deep residual learning for image recognition ［C］. Nevada: 2016 IEEE Conference on Computer Vision and Pattern Recognition, 2016: 770－778.

［149］ QI C, SU H, MO K, et al. PointNet: Deep learning on point sets for 3D classification and segmentation ［C］. Hawaii: IEEE Conference on Computer Vision and Pattern Recognition, 2017: 652－660.

［150］ HOWARD A, ZHU M, CHEN B, et al. MobileNets: efficient convolutional neural networks for mobile vision applications ［J］. ArXiv preprint arXiv: 1704. 04861, 2017: 1－9.

［151］ SANDLER M, HOWARD A, ZHU M, et al. MobileNetV2: inverted residuals and linear bottlenecks ［C］. Utah: 2018 IEEE/CVF Conference on Computer Vision and Pattern Recognition, 2018: 4510－4520.

［152］ HOWARD A, SANDLER M, CHEN B, et al. Searching for MobileNetV3 ［C］. Seoul: 2019 IEEE/CVF International Conference on Computer Vision, 2019: 1314－1324.

［153］ DOSOVITSKIY A, BEYER L, KOLESNIKOV A, et al. An image is worth 16×16 words: transformers for image recognition at scale ［J］. ArXiv preprint arXiv: 2010. 11929, 2021: 1－22.

［154］ LIU Z, LIN Y, CAO Y, et al. Swin transformer: hierarchical vision transformer using shifted windows ［J］. ArXiv preprint arXiv: 2103. 14030, 2021: 1－14.

［155］ MEHTA S, RASTEGARI M. Mobilevit: light－weight, general－purpose, and mobile－friendly vision transformer ［J］. ArXiv preprint arXiv: 2110. 02178, 2022: 1－26.

［156］ KUNG T, CHEATHAM M, MEDENILLA A, et al. Performance of ChatGPT on USMLE: potential for AI－assisted medical education using large language models ［J］. PLOS digit health, 2023, 2 (2).

［157］ KIRILLOV A, MINTUN E, RAVI N, et al. Segment anything ［J］. ArXiv preprint arXiv: 2304. 02643, 2023: 1－30.

［158］ CHEN Y, LIN Z, ZHAO X, et al. Deep learning－based classification of hyperspectral data ［J］. IEEE journal of selected topics in applied earth observations and remote sensing, 2014, 7 (6): 2094－

2107.

［159］ CHEN S, WANG H. SAR target recognition based on deep learning ［C］. Shanghai：2014 International Conference on Data Science and Advanced Analytics, 2014：541－547.

［160］ 蒋鑫. 基于深度学习的 SAR 图像目标识别分类研究 ［D］. 成都：电子科技大学, 2018.

［161］ 薛洪飞. 基于深度学习的遥感影像分类方法研究 ［D］. 哈尔滨：哈尔滨工程大学, 2019.

［162］ 孔爱玲. 基于卷积神经网络的遥感影像融合模型研究 ［D］. 泰安：山东农业大学, 2022.

［163］ 申秋慧, 张宏军, 徐有为, 等. 知识图谱嵌入模型中的损失函数研究综述 ［J］. 计算机科学, 2023, 50 (4)：149－158.

［164］ GOYAL P, DOLLÁR P, GIRSHICK G, et al. Accurate, large minibatch SGD：training imagenet in 1 hour ［J］. ArXiv preprint arXiv：1706. 02677, 2017：1－26.

［165］ SUTSKEVER I, MARTENS J, DAHL G, et al. On the importance of initialization and momentum in deep learning ［C］. Atlanta：the 30th International Conference on Machine Learning, 2013, 28 (3)：1139－1147.

［166］ DAUPHIN Y, VRIES H, CHUNG J, et al. RMSProp and Equilibrated adaptive learning rates for non－convex optimization ［J］. ArXiv preprint arXiv：1502. 04390, 2015：1－10.

［167］ KINGMA D, BA J. Adam：a method for stochastic optimization ［J］. ArXiv preprint arXiv：1412. 6980, 2017：1－15.

［168］ LOSHCHILOV I, LOSHCHILOV F. Decoupled weight decay regularization ［J］. ArXiv preprint arXiv：1711. 05101, 2019：1－19.

［169］ NAIR V, HINTON G. Rectified linear units improve restricted boltzmann machines ［C］. Haifa：International Conference on Machine Learning, 2010：807－814.

［170］ HINTON G, SRIVASTAVA N, KRIZHEVSKY A, et al. Improving neural networks by preventing co－adaptation of feature detectors ［J］. ArXiv preprint arXiv：1207. 0580, 2012：1－18.

［171］ HUANG G, LIU Z, MAATEN L. Densely connected convolutional networks ［C］. Hawaii：2017 IEEE Conference on Computer Vision and Pattern Recognition, 2017：2261－2269.

［172］ RINGLAND J, BOHM M, BAEK S. Characterization of food cultivation along roadside transects with google street view imagery and deep learning ［J］. Computers and electronics in agriculture, 2019, 158：36－50.

［173］ CHENG G, YANG C, YAO X, et al. When deep learning meets metric learning：remote sensing image scene classification via learning discriminative CNNs ［J］. IEEE transactions on geoscience and remote sensing, 2018, 56 (5)：2811－2821.

［174］ PETROVSKA B, ZDRAVEVSKI E, LAMESKI P, et al. Deep learning for feature extraction in remote sensing：a case－study of aerial scene classification ［J］. Sensors, 2020, 20 (14).

［175］ KUSSUL N, LAVRENIUK M, SKAKUN S, et al. Deep learning classification of land cover and crop types using remote sensing data ［J］. IEEE geoscience and remote sensing letters, 2017, 14 (5)：778－782.

［176］ LIU K, YU S, LIU S. An improved inceptionV3 network for obscured ship classification in remote sensing images ［J］. IEEE journal of selected topics in applied earth observations and remote sensing, 2020, 13：4738－4747.

［177］ B S, SHRIVASTAVA, V. Effect of pooling strategy on convolutional neural network for classification of hyperspectral remote sensing images ［J］. IET image processing, 2020, 14 (3)：480－486.

［178］ JI S, ZHANG C, XU A, et al. 3D Convolutional neural networks for crop classification with multi－temporal remote sensing images ［J］. Remote sensing, 2018, 10 (1)：1－17.

［179］ SHELHAMER E, LONG J, DARRELL T. Fully convolutional networks for semantic segmentation ［C］. Massachusetts：2015 IEEE Conference on Computer Vision and Pattern Recognition, 2015：3431－

3440.

[180] RONNEBERGER O, FISCHER P, BROX T. U－Net: convolutional networks for biomedical image segmentation [C]. Munich: Medical Image Computing and Computer－Assisted Intervention, 2015: 234－241.

[181] YU F, KOLTUN V. Multi－scale context aggregation by dilated convolutions [J]. ArXiv preprint arXiv: 1511.07122, 2015: 1－13.

[182] BADRINARAYANAN V, KENDALL A, CIPOLLA R. SegNet: a deep convolutional encoder－decoder architecture for image segmentation [J]. IEEE transactions on pattern analysis and machine intelligence, 2017, 39 (12): 2481－2495.

[183] ZHAO H, SHI J, QI X, et al. Pyramid scene parsing network [C]. Hawaii: 2017 IEEE Conference on Computer Vision and Pattern Recognition, 2017: 6230－6239.

[184] CHEN L, PAPANDREOU G, KOKKINOS I, et al. Semantic image segmentation with deep convolutional nets and fully connected CRFs [J]. ArXiv preprint arXiv: 1412.7062, 2014: 1－14.

[185] CHEN L, PAPANDREOU G, KOKKINOS I, et al. DeepLab: semantic image segmentation with deep convolutional nets, atrous convolution, and fully connected CRFs [J]. IEEE transactions on pattern analysis and machine intelligence, 2018, 40 (4): 834－848.

[186] CHEN L, PAPANDREOU G, SCHROFF F, et al. Rethinking atrous convolution for semantic image segmentation [J]. ArXiv preprint arXiv: 1706.05587, 2017: 1－14.

[187] CHEN L, ZHU Y, PAPANDREOU G, et al. Encoder－decoder with atrous separable convolution for semantic image segmentation [C]. Munich: European Conference on Computer Vision, 2018: 801－818.

[188] XIE F, WANG W, YU Z, et al. SegFormer: simple and efficient design for semantic segmentation with transformers [J]. ArXiv preprint arXiv: 2105.15203, 2021: 1－18.

[189] WOO S, PARK J, LEE J, et al. CBAM: convolutional block attention module [C]. Munich: European Conference on Computer Vision, 2018: 3－19.

[190] LI X, HU X, YANG J. Spatial group－wise enhance: improving semantic feature learning in convolutional networks [J]. ArXiv preprint arXiv: 1905.09646, 2019: 1－10.

[191] HU J, SHEN L, ALBANIE S, et al. Squeeze－and－excitation networks [J]. IEEE transactions on pattern analysis and machine intelligence, 2020, 42 (8): 2011－2023.

[192] SAINI R, JHA N, DAS B, et al. ULSAM: ultra－lightweight subspace attention module for compact convolutional neural networks [C]. Colorado: 2020 IEEE Winter Conference on Applications of Computer Vision, 2020: 1616－1625.

[193] WANG Q, WU B, ZHU P, et al. ECA－Net: efficient channel attention for deep convolutional neural networks [C]. Washington: 2020 IEEE/CVF Conference on Computer Vision and Pattern Recognition, 2020: 11531－11539.

[194] VASWANI A, SHAZEER N, PARMAR N, et al. Attention is all you need [J]. ArXiv preprint arXiv: 1706.03762, 2023: 1－15.

[195] DYSON J, MANCINI A, FRONTONI E, et al. Deep learning for soil and crop segmentation from remotely sensed data [J]. Remote Sensing, 2019, 11 (16): 1859.

[196] LI Y, XU L, GUO L, et al. A Y－Net deep learning method for road segmentation using high－resolution visible remote sensing images [J]. Remote sensing letters, 2019, 10 (4): 381－390.

[197] ZHOU G, LIU W, ZHU Q, el al. ECA－mobilenetv3 (large) +SegNet model for binary sugarcane classification of remotely sensed images [J]. IEEE transactions on geoscience and remote sensing, 2022, 60: 1－12.

[198] ZHANG Z, HUANG J, JIANG T, el al. Semantic segmentation of very high－resolution remote sensing

image based on multiple band combinations and patchwise scene analysis [J]. Journal of applied remote sensing, 2020, 14 (1).

[199] LIU Y, WU L. Geological disaster recognition on optical remote sensing images using deep learning [J]. Procedia computer science, 2016, 91: 566 - 575.

[200] ZHAO Q, LIU J, LI Y, et al. Semantic segmentation with attention mechanism for remote sensing images [J]. IEEE transactions on geoscience and remote sensing, 2022, 60: 1 - 13.

[201] YI Y, ZHANG Z, ZHANG W, et al. semantic segmentation of urban buildings from vhr remote sensing imagery using a deep convolutional neural network [J]. Remote sensing, 2019, 11 (15): 1774.

[202] ZHANG D, PAN Y, ZHANG J, et al. A generalized approach based on convolutional neural networks for large area cropland mapping at very high resolution [J]. Remote sensing of environment, 2020, 247: 1 - 23.

[203] GIRSHICK R, DONAHUE J, DARRELL T, et al. Rich feature hierarchies for accurate object detection and semantic segmentation [C]. Columbus: IEEE Conference on Computer Vision and Pattern Recognition (CVPR), 2014: 580 - 587.

[204] GIRSHICK R, DONAHUE J, DARRELL T, et al. Region - based convolutional networks for accurate object detection and segmentation [J]. IEEE transactions on pattern analysis and machine intelligence, 2016, 38 (1): 142 - 158.

[205] REN S, HE K, GIRSHICK R, et al. Faster R - CNN: towards real - time object detection with region proposal networks [J]. IEEE transactions on pattern analysis and machine intelligence, 2017, 39 (6): 1137 - 1149.

[206] REDMON J, DIVVALA S, GIRSHICK R, et al. You only look once: unified, real - time object detection [J]. ArXiv preprint arXiv: 1506. 02640, 2016: 1 - 10.

[207] REDMON J, FARHADI A. YOLO9000: better, faster, stronger [J]. ArXiv preprint arXiv: 1612. 08242, 2016: 1 - 9.

[208] REDMON J, FARHADI A. YOLOv3: an incremental improvement [J]. ArXiv preprint arXiv: 1804. 02767, 2018: 1 - 6.

[209] LIU W, ANGUELOV D, ERHAN D, et al. SSD: single shot MultiBox detector [C]. Amsterdam: European Conference on Computer Vision, 2016: 21 - 37.

[210] LIN T, GOYAL P, GIRSHICK R, et al. Focal loss for dense object detection [J]. ArXiv preprint arXiv: 1708. 02002, 2018: 1 - 10.

[211] TAN M, PANG R, LE Q. EfficientDet: scalable and efficient object detection [C]. Seattle: IEEE/CVF Conference on Computer Vision and Pattern Recognition, 2020: 10778 - 10787.

[212] LAW H, DENG J. CornerNet: detecting objects as paired keypoints [C]. Munich: European Conference on Computer Vision, 2018: 734 - 750.

[213] BOLYA D, ZHOU C, XIAO F, et al. YOLACT: Real - time instance segmentation [C]. Seoul: IEEE/CVF International Conference on Computer Vision, 2019: 9156 - 9165.

[214] LI Y, ZHANG Y, HUANG X, et al. Deep networks under scene - level supervision for multi - class geospatial object detection from remote sensing images [J]. ISPRS journal of photogrammetry and remote sensing, 2018, 146: 182 - 196.

[215] QIAN X, LIN S, CHENG G, et al. Object detection in remote sensing images based on improved bounding box regression and multi - level features fusion [J]. Remote sensing, 2020, 12 (1): 143.

[216] XU C, LI C, CUI Z, et al. Hierarchical semantic propagation for object detection in remote sensing imagery [J]. IEEE transactions on geoscience and remote sensing, 2020, 58 (6): 4353 - 4364.

[217] RABBI J, RAY N, SCHUBERT M, et al. Small - object detection in remote sensing images with end - to - end edge - enhanced GND and object detector network [J]. Remote sensing. 2020, 12

（9）：1432.

[218] SUN X, WANG P, WANG C, et al. PBNet：part－based convolutional neural network for complex composite object detection in remote sensing imagery ［J］. ISPRS journal of photogrammetry and remote sensing, 2021, 173：50－65.

[219] SHIVAPPRIYA S, PRIYADARSINI M, STATECZNY A, et al. Cascade object detection and remote sensing object detection method based on trainable activation function ［J］. Remote sensing, 2021, 13（2）：200.

[220] VARGHESE A, GUBBI J, RAMASWAMY A, et al. ChangeNet：a deep learning architecture for visual change detection ［C］. Munich：European Conference on Computer Vision, 2018：1－16.

[221] MOU L, BRUZZONE L, ZHU X. Learning spectral－spatial－temporal features via a recurrent convolutional neural network for change detection in multispectral imagery ［J］. IEEE Transactions on Geoscience and Remote Sensing, 2019, 57（2）：924－935.

[222] SAKURADA K, SHIBUYA M, WANG W. Weakly supervised silhouette－based semantic scene change detection ［C］. Paris：IEEE International Conference on Robotics and Automation, 2020：6861－6867.

[223] CHEN J, et al. DASNet：dual attentive fully convolutional siamese networks for change detection in high－resolution satellite images ［J］. IEEE journal of selected topics in applied earth observations and remote sensing, 2021, 14：1194－1206.

[224] ZHANG C, WANG L, CHENG S, et al. SwinSUNet：pure transformer network for remote sensing image change detection ［J］. IEEE transactions on geoscience and remote sensing, 2022, 60：1－13.

[225] LI X, DU Z, HUANG Y, et al. A deep rranslation（GAN）based change detection network for optical and SAR remote sensing images ［J］. ISPRS journal of photogrammetry and remote sensing, 2021, 179：14－34.

[226] PENG D, B RUZZONE L, ZHANG Y, et al. SemiCDNet：a semisupervised convolutional neural network for change detection in high resolution remote－sensing images ［J］. IEEE transactions on geoscience and remote sensing, 2021, 59（7）：5891－5906.

[227] SHI Q, LIU M, LI S, et al. A deeply supervised attention metric－based network and an open aerial image dataset for remote sensing change detection ［J］. IEEE transactions on geoscience and remote sensing, 2022, 60：1－16.

[228] WANG M, ZHANG H, SUN W, et al. A coarse－to－fine deep learning based land use change detection method for high－resolution remote sensing images ［J］. Remote sensing, 2020, 12（12）：1933.

[229] SEFRIN O, RIESE F M, KELLER S. Deep learning for land cover change detection ［J］. Remote sensing, 2021, 13（1）：78.

[230] LI X, YUAN Z, WANG Q. Unsupervised deep noise modeling for hyperspectral image change detection ［J］. Remote sensing, 2019, 11（3）：258.

[231] ZHENG Z, WAN Y, ZHANG Y, et al. CLNet：cross－layer convolutional neural network for change detection in optical remote sensing imagery ［J］. ISPRS journal of photogrammetry and remote sensing, 2021, 175：247－267.

[232] QU X, GAO F, DONG J, et al. Change detection in synthetic aperture radar images using a dual－domain network ［J］. IEEE geoscience and remote sensing letters, 2022, 19：1－5.

[233] KOU R, FANG B, CHEN G, et al. Progressive domain adaptation for change detection using season－varying remote sensing images ［J］. Remote sensing, 2020, 12（22）：3815.

[234] HE K, GKIOXARI G, DOLLÁR P, et al. Mask R－CNN ［J］. ArXiv preprint arXiv：1703.06870, 2018：1－12.

[235] CHEN H, SHI Z. A spatial－temporal attention－based method and a new dataset for remote sensing im-

age change detection ［J］. Remote sensing, 2020, 12 (10)：1662.

［236］ LIU Y, PANG C, ZHAN Z, et al. Building change detection for remote sensing images using a dual‐task constrained deep siamese convolutional network model ［J］. IEEE geoscience and remote sensing letters, 2021, 18 (5)：811‐815.

［237］ HE K, ZHANG X, REN S, et al. Delving deep into rectifiers：surpassing human‐level performance on imagenet classification ［C］. Chile：IEEE International Conference on Computer Vision. 2015：1026‐1034.

［238］ LIN T, MAIRE M, BELONGIE S, et al. Microsoft COCO：common objects in context ［C］. Zurich：Computer Vision‐ECCV, 2014：740‐755.

［239］ 龚健雅, 许越, 胡翔云, 等. 遥感影像智能解译样本库现状与研究 ［J］. 测绘学报, 2021, 50 (8)：1013‐1022.

［240］ 张景华, 封志明, 姜鲁光. 土地利用/土地覆被分类系统研究进展 ［J］. 资源科学, 2011, 6.

［241］ ANDERSON R. A land use and d land coverclassification system for use with remote sensing data ［Z］. 1976.

［242］ GREGORIO A. Land cover classification system：classification concepts anduser manual：LCCS ［J］. Food & Agriculture Org, 2005.

［243］ 中华人民共和国自然资源部. 基础性地理国情监测内容与指标：CH/T 9029‐2019 ［S］. 北京：中国标准出版社, 2019.

［244］ 中华人民共和国国家质量监督检验检疫总局, 中国国家标准化管理委员会. 地理信息分类系统 第 1 部分：分类系统结构：GB/T 30322.1—2013 ［S］. 北京：中国标准出版社, 2014.

［245］ CATEGORICAL A. Glossary of terms ［J］. Machine learning, 1998, 30：271‐274.

［246］ POGGIO T, LIAO Q, MIRANDA B, et al. Theory IIIb：generalization in deepnetworks ［J］. ArXiv preprint arXiv：1806. 11379, 2018.

［247］ SHORTEN C, KHOSHGOFTAAR T. A survey on image data augmentation for deep learning ［J］. Journal of big data, 2019.

［248］ KINGMA D, WELLING M. Auto‐encoding variational bayes ［J］. ArXiv preprint arXiv：1312. 6114, 2013.

［249］ GOODFELLOW I, POUGET‐ABADIE J, MIRZA M, et al. Generative adversarial nets ［J］. Communications of the ACM, 2020, 63 (11)：139‐144.

［250］ CUBUK E, ZOPH B, MANE D, et al. AutoAugment：learning augmentation strategies from data ［C］. California：IEEE/CVF Conference on Computer Vision and Pattern Recognition, 2019：113‐123.

［251］ WU R, YAN S, SHAN Y, et al. Deep image：scaling up image recognition ［J］. Computer science, 2015.

［252］ MORENO‐BAREA F, STRAZZERA F, JOSÁ M, et al. Forward noise adjustment scheme for data augmentation ［C］. Bangalore：IEEE Symposium Series on Computational Intelligence, 2018：728‐734.

［253］ SRIVASTAVA N, HINTON G, KRIZHEVSKY A, et al. Dropout：a simple way to prevent neural networks from overfitting ［J］. Journal of machine learning research, 2014, 15 (1)：1929‐1958.

［254］ GHIASI G, LIN T, LE Q. DropBlock：a regularization method forconvolutional networks ［J］. ArXiv：1810. 12890, 2018.

［255］ INOUE H. Data augmentation by pairing samples for images classification ［J］. ArXiv preprint arXiv：1801. 02929, 2018.

［256］ SUMMERS C, DINNEEN M. Improved mixed‐example data augmentation ［C］. Waikoloa：2019 IEEE Winter Conference on Applications of Computer Vision, 2019：1262‐1270.

［257］ BOWLES C, CHEN L, GUERRERO R, et al. GAN augmentation：augmenting training data using generative adversarial networks［J］. ArXiv preprint arXiv：1810. 10863, 2018.

［258］ LIN D, FU K, WANG Y, et al. MARTA GANs：unsupervised representation learning for remote sensing image classification［J］. IEEE geoscience and remote sensing letters, 2017, 14（11）：2092 − 2096.

［259］ 韩子硕, 王春平, 付强, 等. 联合生成对抗网络和检测网络的 SAR 图像目标检测［J］. 国防科技大学学报, 2022, 44（3）：12.

［260］ GATYS L, ECKER A, BETHGE M. A neural algorithm of artistic style［J］. ArXiv preprint arXiv：1508. 06576, 2015.

［261］ WANG Q, LIU S, CHANUSSOT J, et al. Scene classification with recurrent attention of VHR remote sensing images［J］. IEEE transactions on geo − science and remote sensing, 2019, 57（2）：1155 − 1167.

［262］ YANG Y, NEWSAM S. Bag − of − visual − words and spatial extensions for land − use classification［C］. ACM SIGSPATIAL International Conference on Advances in Geographic Information Systems, 2010：270 − 279.

［263］ JI S, WEI S, LU M. Fully convolutional networks formulti − source building extraction from an open aerial and satellite imagery dataset［J］. IEEE transactions on geoscience and remote sensing, 2019, 57（1）：574 − 586.

［264］ SHAO Z, ZHOU W, DENG X, et al. Multilabel remote sensing image retrieval based on fully convolutional network［J］. IEEE journal of selected topics in applied earth observations and remote sensing, 2019, 13：318 − 328.

［265］ SHAO Z, YANG K, ZHOU W. Performance evaluation of single − label and multi − label remote sensing image retrieval using a dense labeling dataset［J］. Remote sensing, 2018, 10（6）：964.

［266］ TONG X, XIA G, LU Q, et al. Land − cover classification with high − resolution remote sensing images using transferable deep models［J］. Remote sensing of environment, 2020, 237：111322.

［267］ WANG J, ZHENG Z, MA A, et al. LoveDA：A remote sensing land − cover dataset for domain adaptive semantic segmentation［J］. ArXiv preprint arXiv：2110. 08733, 2021.

［268］ HELBER P, BISCHKE B, DENGEL A, et al. Eurosat：a novel dataset and deep learning benchmark for land use and land cover classification［J］. IEEE Journal of selected topics in applied earth observations and remote sensing, 2019, 12（7）：2217 − 2226.

［269］ MOHAJERANI S, SAEEDI P. Cloud − net：an end − to − end cloud detection algorithm for landsat 8 imagery［C］. Yokohama：IGARSS 2019 − 2019 IEEE International Geoscience and Remote Sensing Symposium, 2019：1029 − 1032.

［270］ SHAO R, DU C, CHEN H, et al. SUNet：change detection for heterogeneous remote sensing images from satellite and UAV using a dual − channel fully convolution network［J］. Remote sensing, 2021, 13：3750.

［271］ VERMA S, PANIGRAHI A, GUPTA S. QFabric：multi − task change detection dataset［C］. Nashville：IEEE/CVF Conference on Computer Vision and Pattern Recognition Workshops, 2021：1052 − 1061.

［272］ XIA G, BAI X, DING J, et al. DOTA：a large − scale dataset for object detection in aerial images［C］. Utah：IEEE Conference on Computer Vision and Pattern Recognition, 2018：3974 − 3983.

［273］ CHANG C. Hyperspectral imaging：techniques for spectral detection and classification［M］. New York：Kluwer Academic, 2003.

［274］ ROY S, KRISHNA G, DUBEY S, et al. HybridSN：exploring 3 − D − 2 − D CNN feature hierarchy for hyperspectral image classification［J］. IEEE geoscience and remote sensing letters, 2019, 17（2）：277 − 281.

［275］ BANDARA W, VALANARASU J, PATEL V. Hyperspectral pansharpening based on improved deep image prior and residual reconstruction ［J］. IEEE transactions on geoscience and remote sensing, 2022, 60: 1 - 16.

［276］ BANDARA W, PATEL V. Hypertransformer: a textural and spectral feature fusion transformer for pansharpening ［C］. Louisiana: IEEE/CVF Conference on Computer Vision and Pattern Recognition, 2022: 1767 - 1777.

［277］ 岑奕, 张立福, 张霞, 等. 雄安新区马蹄湾村航空高光谱遥感影像分类数据集 ［J］. 遥感学报, 2020, 24 (11): 1299 - 1306.

［278］ 刘康, 周壮, 李盛阳, 等. 天宫一号高光谱遥感场景分类数据集及应用 ［J］. 遥感学报, 2020, 24 (9): 1077 - 1087.

［279］ ZHONG Y, HU X, LUO C, et al. WHU - Hi: UAV - borne hyperspectral with high spatial resolution (H2) benchmark datasets and classifier for precise crop identification based on deep convolutional neural network with CRF ［J］. Remote sensing of environment, 2020, 250: 112012.

［280］ XU Y, el al. Advanced multi - sensor optical remote sensing for urban land use and land cover sification: outcome of the 2018 IEEE GRSS data fusion contest ［J］. IEEE journal of selected topics in applied earth observations and remote sensing, 2019, 12 (6): 1709 - 1724.

［281］ LI J, QU C, SHAO J. Ship detection in SAR images based on an improved faster R - CNN ［J］. 2017 SAR in big data era: models, methods and applications, 2017: 1 - 6.

［282］ ZHAO J, ZHANG Z, YAO W, et al. Open SAR urban: a sentinel - 1 SAR image dataset for urban interpretation ［J］. IEEE journal of selected topics in applied earth observations and remote sensing, 2020, 13: 187 - 203.

［283］ HUANG L, LIU B, LI B, et al. Open SAR Ship: a dataset dedicated to sentinel - 1 ship interpretation ［J］. IEEE journal of selected topics in applied earth observations and remote sensing, 2018, 11 (1): 195 - 208.

［284］ LI, B, LIU B, HUANG L, et al. Open SAR Ship 2.0: a large - volume dataset for deeper interpretation of ship targets in sentinel - 1 imagery ［J］. 2017 SAR in big data era: models, methods and applications, 2017: 1 - 5.

［285］ WANG, Y, WANG C, ZHANG H, et al. A SAR dataset of ship detection for deep learning under complex backgrounds ［J］. Remote sensing, 2019, 11 (7): 765.

［286］ SUN X, WANG Z, SUN Y, et al. AIR - SAR Ship - 1.0: high - resolution SAR ship detection dataset ［J］. Journal of radars, 2019, 8 (6): 852 - 863.

［287］ ZHU Q, ZHANG Y, LI Z, et al. Oil spill contextual and boundary - supervised detection network based on marine SAR images ［J］. IEEE transactions on geoscience and remote sensing, 2021, 60: 1 - 10.

［288］ LI X, ZHANG G, CUI H, et al. MCANet: A joint semantic segmentation framework of optical and SAR images for land use classification ［J］. International journal of applied earth observation and geoinformation, 2022, 106: 102638.

［289］ WU F, WANG C, ZHANG H, et al. Built - up area mapping in China from GF - 3 SAR imagery based on the framework of deep learning ［J］. Remote sensing of environment, 2021, 262: 112515.

［290］ WU F, ZHANG H, WANG C, et al. SARBuD1.0: a SAR building dataset based on GF - 3 FSII imageries for built - up area extraction with deep learning method ［J］. National remote sensing bulletin, 2022, 26 (4): 620 - 631.

［291］ LIU Z, MAO H, WU C, et al. A ConvNet for the 2020s ［J］. ArXiv preprint arXiv: 2201.03545, 2022: 1 - 15.

［292］ CHEN L C, TEO T A, LIU C L. The geometrical comparisons of RSM and RFM for FORMOSAT - 2 satellite images ［J］. Photogrammetric engineering and remote sensing, 2006.

［293］ 胡龙 . 基于有理函数模型的资源三号卫星影像对地目标定位试验 ［D］. 成都：西南交通大学，2016.

［294］ 王密，田原，程宇峰 . 高分辨率光学遥感卫星在轨几何定标现状与展望 ［J］. 武汉大学学报（信息科学版），2017，42（11）.

［295］ 谌一夫，刘璐，张春玲 . ZY － 3 卫星在轨几何标定方法 ［J］. 武汉大学学报（信息科学版），2013，38（5）.

［296］ KRATKY V . Rigorous photogrammetric processing of SPOT images at CCM Canada ［J］. ISPRS journal of photogrammetry and remote sensing，1989.

［297］ Haydn R，Dalke G W，Henkel J. Application of the IHS transform to the processing of multisensor data and image enhancement ［C］. Proceedings of International Symposium on Remote Sensing of Arid and Semi － Arid Lands，1982.

［298］ 秦鹏，陈健飞 . 基于 Brovey 融合与 HSV 锐化的 ASTER 影像绿地信息提取分析 ［J］. 地球信息科学学报，2009，11（3）.

［299］ GRAHAM L N. Coincident image fusion using the discrete wavelet transform：a thesis ［D］. University of Alabama in Huntsville，1994.

［300］ 于海洋，闫柏琨，甘甫平，等 . 基于 Gram Schmidt 变换的高光谱遥感图像改进融合方法 ［J］. 地理与地理信息科学，2007，23（5）.

［301］ KURSUN O，ALPAYDIN E，FAVOROV O V. Canonical correlation analysis usingwithin － class coupling. Pattern recognition letters.

［302］ 李弼程，黄洁，高世海，等 . 信息融合技术及其应用 ［M］. 北京：国防工业出版社，2010.

［303］ KAUTH R，THOMAS G. The tasselled cap：a graphical description of the spectral temporal development of agricultural crops as seen by landsat ［C］. Proceedings of the Symposium on Machine Processing of Remotely Sensed Data. Indiana，1976：41 － 51.

［304］ 邸韡，潘泉，赵永强，等 . 高光谱图像波段子集模糊积分融合异常检测 ［J］. 电子与信息学报，2008，30（2）.

［305］ 廖明哲 . 基于深度学习的遥感图像匹配方法研究 ［D］. 武汉：武汉科技大学，2020.

［306］ 眭海刚，刘畅，干哲，等 . 多模态遥感图像匹配方法综述 ［J］. 测绘学报，2022（9）.

［307］ LENG C，ZHANG H，LI B，et al. Local feature descriptor for image matching：a survey ［J］. IEEE access，2018，7：6424 － 6434.

［308］ MILGRAM D L. Computer methods for creating photomosaics ［J］

［309］ 左志权，张祖勋，张剑清，等 . DSM 辅助下城区大比例尺正射影像镶嵌线智能检测 ［J］. 测绘学报，2011（1）.

［310］ 岳贵杰，杜黎明，刘凤德，等 . A * 搜索算法的正射影像镶嵌线自动提取 ［J］. 测绘科学，2015（4）.

［311］ SARLIN P E，DETONE D，MALISIEWICZ T，et al. Superglue：learning feature matching with graph neural networks ［C］. Proceedings of the IEEE/CVF conference on computer vision and pattern recognition，2020：4938 － 4947.

［312］ DETONE D，MALISIEWICZ T，RABINOVICH A. Superpoint：self － supervised interest point detection and description ［C］. Proceedings of the IEEE conference on computer vision and pattern recognition workshops，2018：224 － 236.

［313］ SUN J，SHEN Z，WANG Y，et al. LoFTR：detector － free local feature matching with transformers ［C］. Proceedings of the IEEE/CVF conference on computer vision and pattern recognition，2021：8922 － 8931.

［314］ YUAN Q，WEI Y，MENG X，et al. A multiscale and multidepth convolutional neural network for remote sensing imagery pan － sharpening ［J］. IEEE journal of selected topics in applied earth observations and remote sensing, 2018, 11 (3): 978-989.

[315] SHI W, LEDIG C, WANG Z, et al. Super resolution using a generative adversarial network: U. S. Patent 11, 024, 009 [P]. 2021-6-1.

[316] GASTINEAU A, AUJOL J F, BERTHOUMIEU Y, et al. Generative adversarial network for pansharpening with spectral and spatial discriminators [J]. IEEE transactions on geoscience and remote sensing, 2021, 60: 1-11.

[317] SINGH P, KOMODAKIS N. Cloud-gan: cloud removal for sentinel-2 imagery using a cyclic consistent generative adversarial networks [C]//IGARSS 2018-2018 IEEE International Geoscience and Remote Sensing Symposium. IEEE, 2018: 1772-1775.

[318] LI J, WU Z, HU Z, et al. Thin cloud removal in optical remote sensing images based on generative adversarial networks and physical model of cloud distortion [J]. ISPRS journal of photogrammetry and remote sensing, 2020, 166: 373-389.

[319] 国家测绘局. 基础地理信息数字成果 1:5000 1:10000 1:25000 1:50000 1:100000 数字正射影像图: CH/T 9009.3—2010 [S]. 北京: 中国标准出版社, 2010.

[320] 中华人民共和国自然资源部. 第三次全国土地调查正射影像生产技术规程: TD/T 1055—2019 [S]. 北京: 中国标准出版社, 2019.

[321] 广西壮族自治区自然资源厅. 广西壮族自治区国土空间生态修复规划 (2021-2035年) [Z]. 2022.

[322] 广西壮族自治区自然资源厅. 广西壮族自治区第三次国土调查主要数据公报 [Z]. 2021.

[323] 中国地理信息产业协会. 中国地理信息产业发展报告 (2023) [M]. 北京: 测绘出版社, 2024.

[324] 李劲东. 中国高分辨率对地观测卫星遥感技术进展 [J]. 前瞻科技, 2022, 1 (1): 112-125.

[325] LI J, HONG D, GAO L, et al. Deep learning in multimodal remote sensing data fusion: A comprehensive review [J]. International journal of applied earth observation and geoinformation, 2022, 112.

[326] CHEN Y, LIU L, PHONEVILAY V, et al. Image super-resolution reconstruction based on feature map attention mechanism [J]. Applied intelligence, 2021, 51: 4367-4380.

[327] LIU M, JIANG W, LIU W, et al. Dynamic adaptive attention-guided self-supervised single remote-sensing image denoising [J]. IEEE transactions on geoscience and remote sensing, 2023, 61: 1-11.

[328] LI W, HSU C. Automated terrain feature identification from remote sensing imagery: a deep learning approach [J]. International journal of geographical information science, 2018, 34 (4): 637-660.

[329] 张继贤, 顾海燕, 杨懿, 等. 高分辨率遥感影像智能解译研究进展与趋势 [J]. 遥感学报, 2021.

[330] 周培诚, 程塬, 姚西文, 等. 高分辨率遥感影像解译中的机器学习范式 [J]. 遥感学报, 2021.

[331] 张继贤, 李海涛, 顾海燕, 等. 人机协同的自然资源要素智能提取方法 [J]. 测绘学报, 2021, 50 (8): 1023-1032.

[332] 周清华, 潘俊, 李德仁, 等. 遥感图像镶嵌接缝线自动生成方法综述 [J]. 国土资源遥感, 2013, 25 (2): 1-7.

第4章 附 图

图像分类样本

语义分割样本

目标检测样本

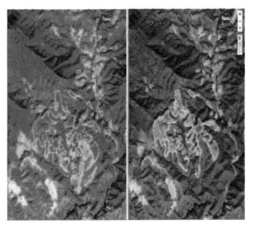

变化检测样本

附图 4-1 各类样本示意图

附图 4-2　基于 SAM 的半自动标注工具

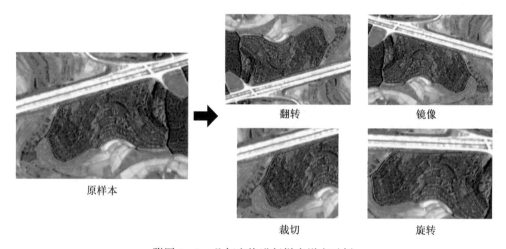

附图 4-3　几何变换进行样本增广示例

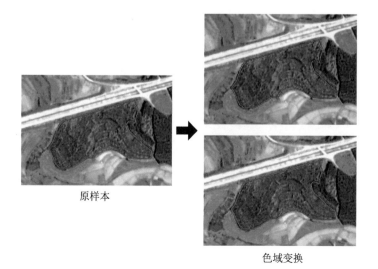

附图 4-4　色域变换进行样本增广示例

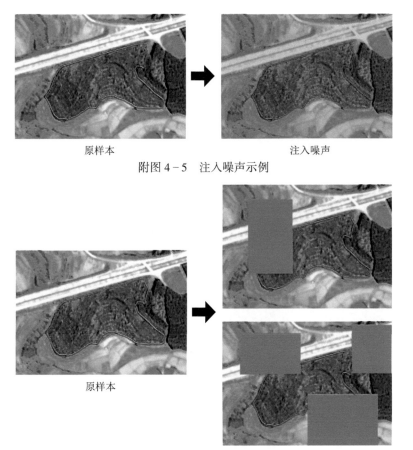

原样本　　　　　　　　　　　　　　注入噪声

附图 4-5　注入噪声示例

原样本

局部擦除

附图 4-6　局部擦除进行样本增广示例

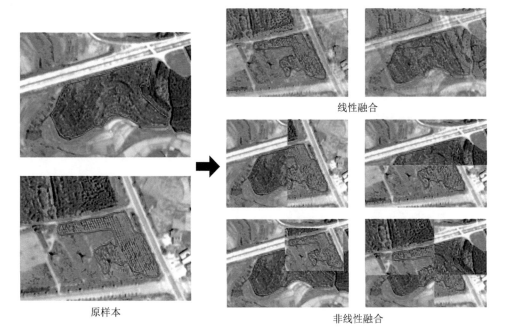

线性融合

原样本　　　　　　　　　　　　　　非线性融合

附图 4-7　线性融合与非线性融合进行样本增广示例

147

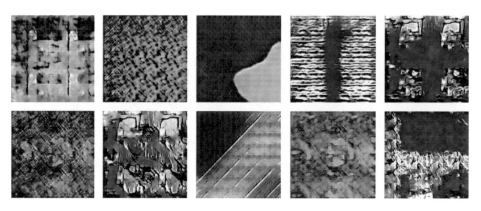

附图 4-8   基于对抗生成的遥感数据示例

附图 4-9   神经风格迁移示例

第6章   附   图

附图 6-1   推填土变化识别

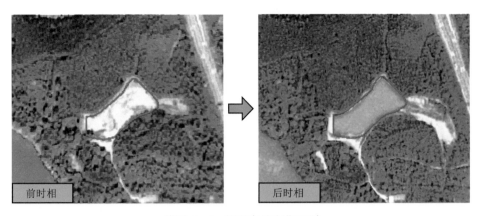

附图 6-2 新增库塘变化识别

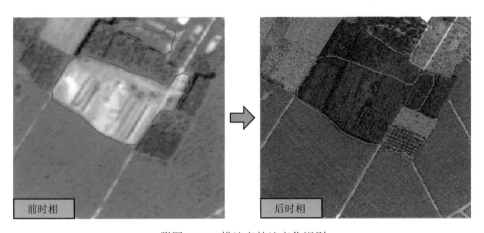

附图 6-3 耕地变林地变化识别

附图 6-4 林地变耕地变化识别

附图 6-5 新增光伏用地变化识别

附图 6-6 影像管理操作方式

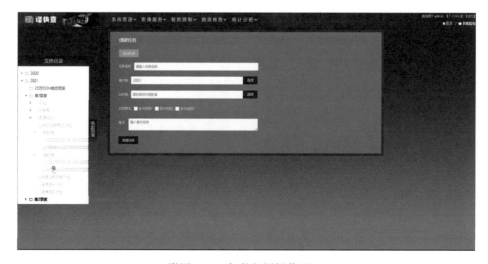

附图 6-7 智能解译操作界面

附图 6-8　图斑核查界面

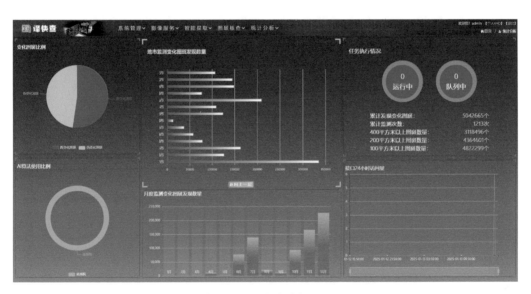

附图 6-9　统计分析界面

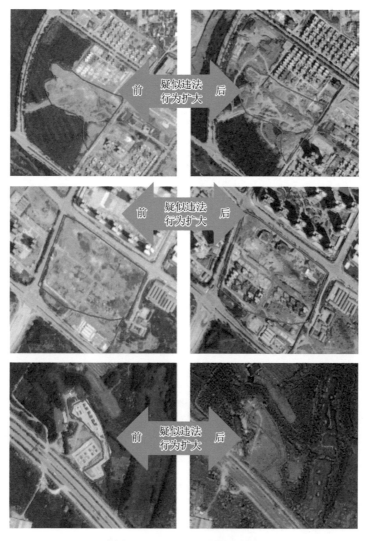

附图 6-10　违法图斑提取结果

附图 6-11　农村土地调查结果

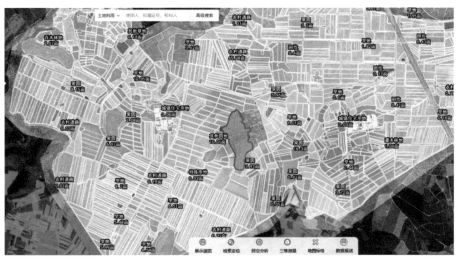

附图 6-12　国有土地管理信息平台

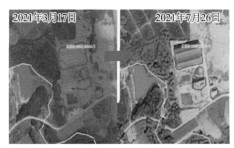

附图 6-13　土地资源变化区域图斑

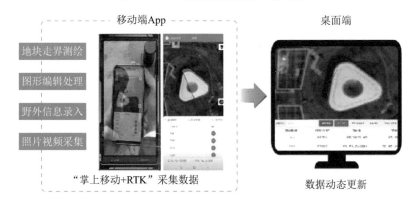

附图 6-14　移动巡查等一体化监管 App 和桌面端

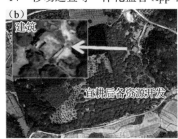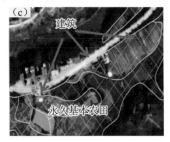

附图 6-15　智能提取整治地块范围内的建筑图斑

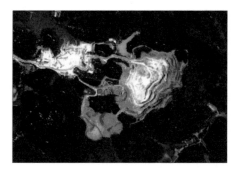

语义分割样本　　　　　　　　　　　变化检测样本

附图 6 - 16　各类样本示意图

内容	IoU(%)
矿山范围智能识别	77.4

附图 6 - 17　矿山要素提取

变化内容	实际变化个数	成功识别个数	查全率(%)
矿山复绿图斑	1324	1109	83.8
矿山扩张图斑	1502	1220	81.2
合计变化	2826	2329	82.4

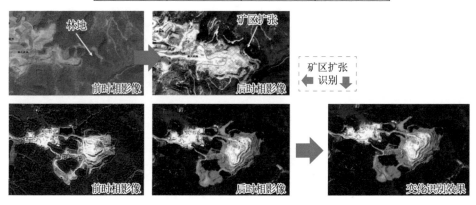

附图 6 - 18　矿山扩张识别

变化内容	实际变化个数	成功识别个数	查全率(%)
矿山复绿图斑	1324	1109	83.8
矿山扩张图斑	1502	1220	81.2
合计变化	2826	2329	82.4

矿区生态
修复识别 ➡

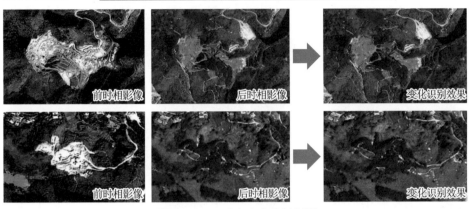

附图 6-19　矿山生态修复识别

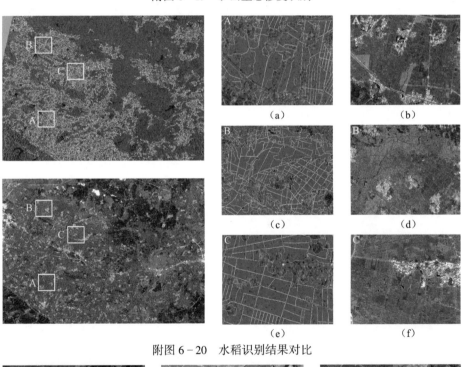

附图 6-20　水稻识别结果对比

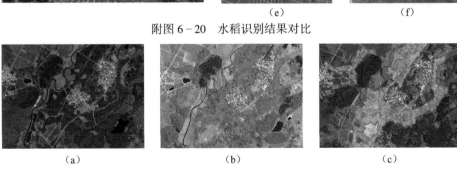

附图 6-21　水稻营养生长期

（a）2022 年 3 月 28 日；（b）2022 年 4 月 7 日；（c）2023 年 4 月 12 日

附图 6-22 水稻生殖生长期

(a) 2022 年 9 月 2 日；(b) 2022 年 9 月 30 日；(c) 2023 年 9 月 17 日

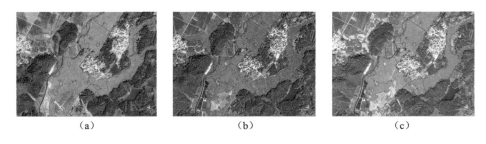

附图 6-23 水稻结实期

(a) 2023 年 10 月 2 日；(b) 2022 年 10 月 18 日；(c) 2023 年 10 月 22 日

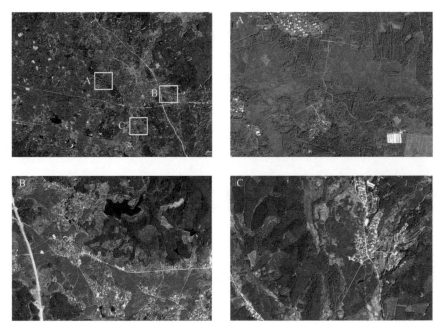

附图 6-24 横州市 2022 年水稻识别结果

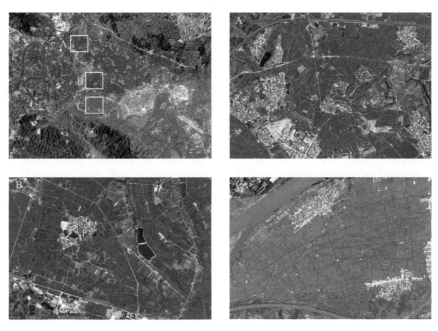

附图 6-25　田阳区 2023 年水稻识别结果

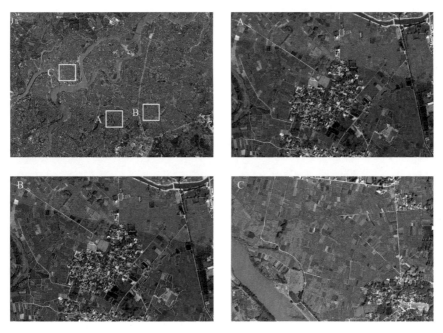

附图 6-26　合浦县 2022 年水稻识别结果

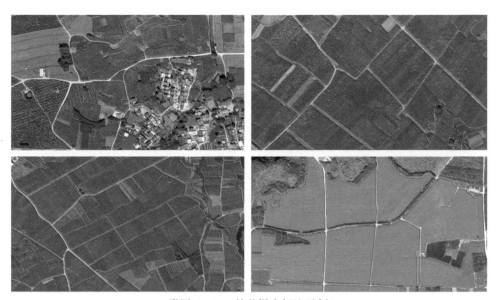

附图 6 - 27　甘蔗样本标注示例

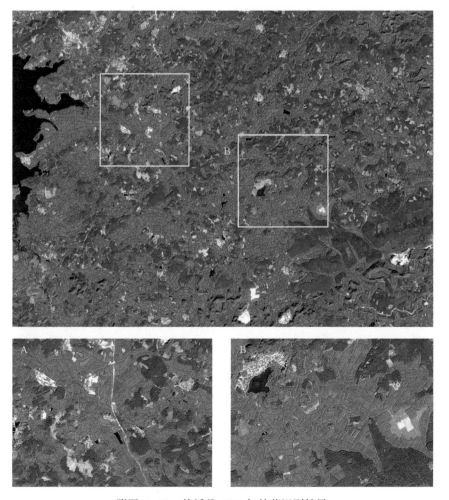

附图 6 - 28　扶绥县 2022 年甘蔗识别结果

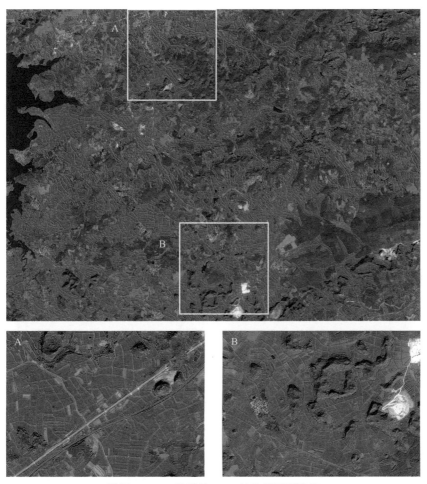

附图 6-29　扶绥县 2023 年甘蔗识别结果

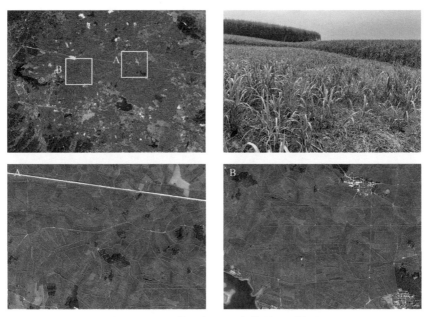

附图 6-30　横州市 2023 年甘蔗识别结果

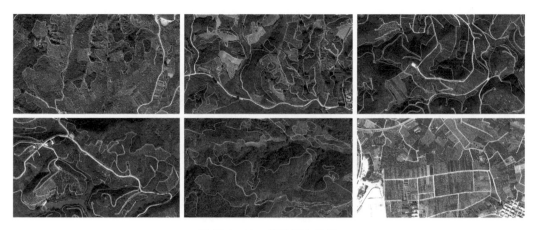

附图 6-31　果树标注示例

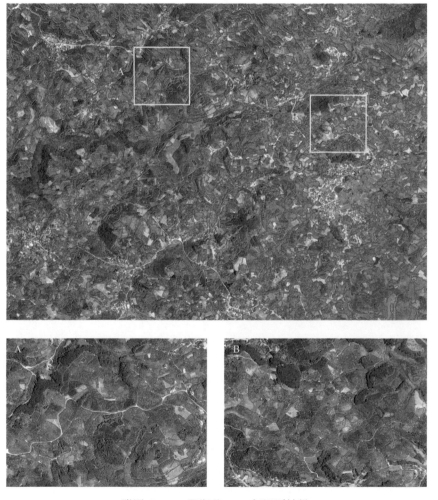

附图 6-32　阳朔县 2022 年识别结果

附图 6-33　宜州区 2023 年识别结果

附图 6-34　火龙果样本标注示例

附图 6-35　隆安县火龙果识别结果

附图 6-36　武鸣区火龙果识别结果

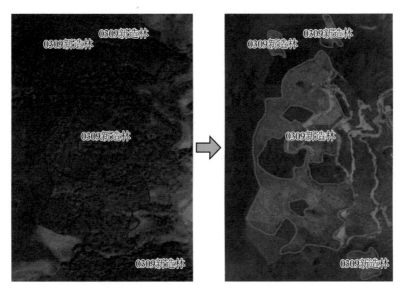

附图 6-37 智能提取的森林资源变化图斑

附图 6-38 桉树样本标注示例

附图 6-39　扶绥县 2022 年桉树识别结果

附图 6-40　合浦县 2022 年桉树识别结果

附图 6-41　横州市 2022 年桉树识别结果

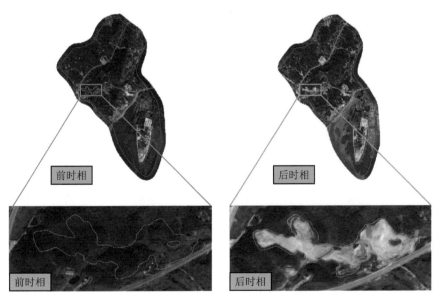

附图 6-42　保护区监测变化结果

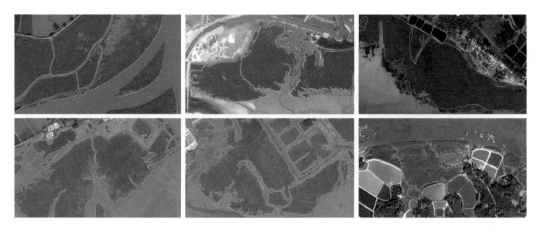

附图 6-43　红树林样本标注示例

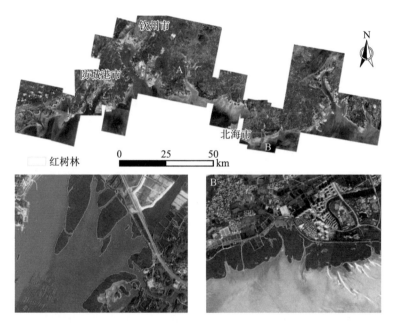

附图 6-44　广西沿海区域的红树林分布区域

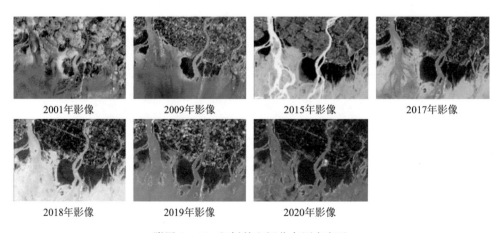

附图 6-45　红树林空间分布历史变迁

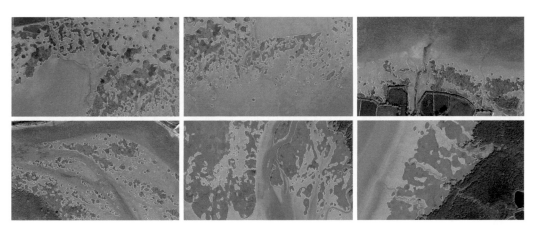

附图 6-46 互花米草样本标注示例

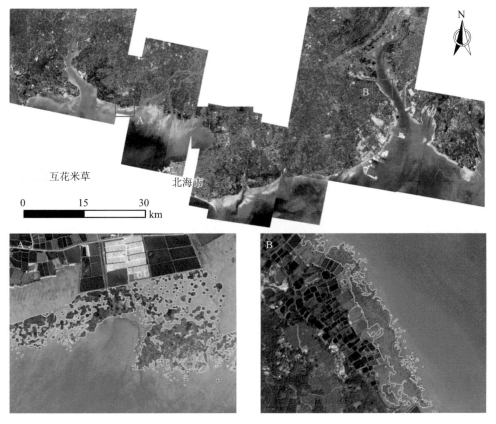

附图 6-47 南方沿海区域的互花米草分布区域提取结果

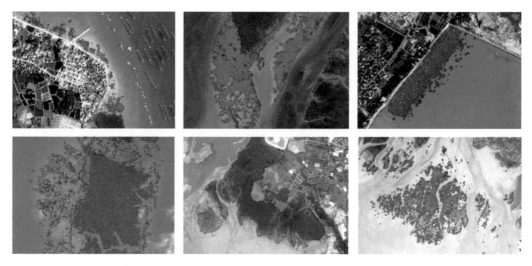

附图 6-48　互花米草识别结果

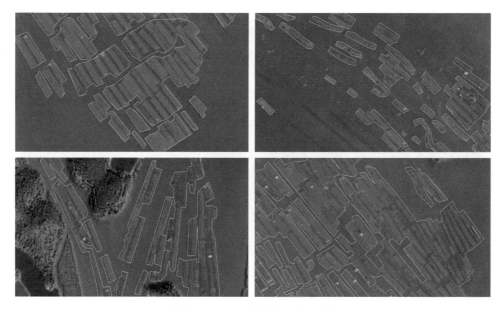

附图 6-49　蚝排样本标注示例

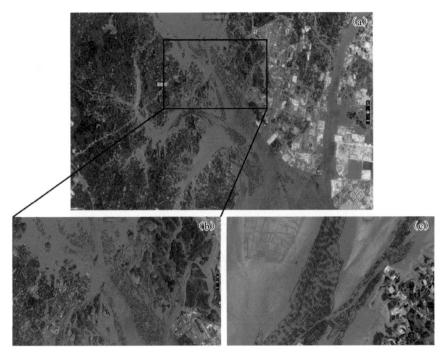

附图 6-50　生蚝养殖识别结果

（a）蚝排识别结果；（b）蚝排识别局部结果；（c）蚝排局部放大结果

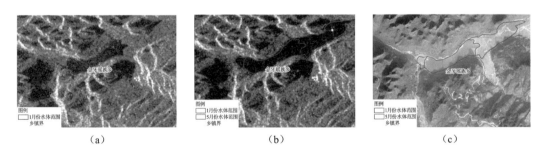

附图 6-51　河池市凤山县金牙瑶族乡

（a）1月24日雷达图；（b）5月24日雷达图；（c）往年光学影像图

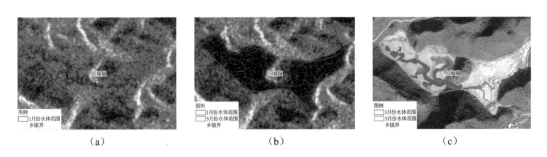

附图 6-52　百色市平果县旧城镇床择村

（a）1月24日雷达图；（b）5月24日雷达图；（c）往年光学影像图

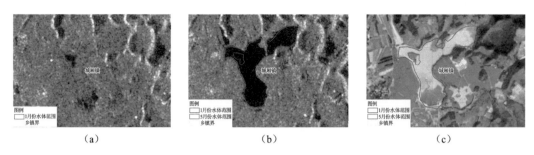

附图6-53　南宁市城厢镇

（a）1月24日雷达图；（b）5月24日雷达图；（c）往年光学影像图

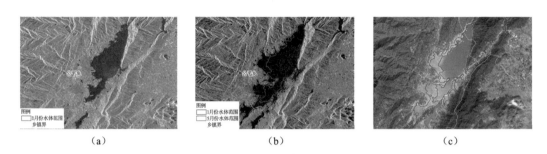

附图6-54　桂林市灵川县青狮潭水库

（a）1月24日雷达图；（b）5月24日雷达图；（c）往年光学影像图

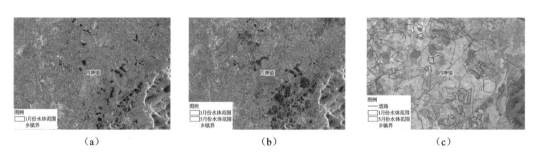

附图6-55　桂林市临桂区四塘镇

（a）1月24日雷达图；（b）5月24日雷达图；（c）往年光学影像图

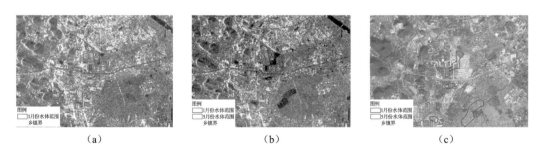

附图6-56　桂林市象山区

（a）1月24日雷达图；（b）5月24日雷达图；（c）往年光学影像图

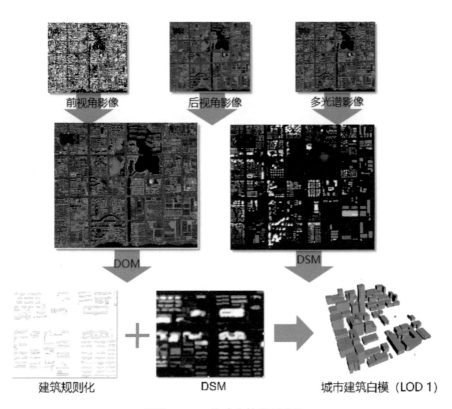

附图 6-57 构建实体模型流程

附图 6-58 智慧园区三维可视化平台

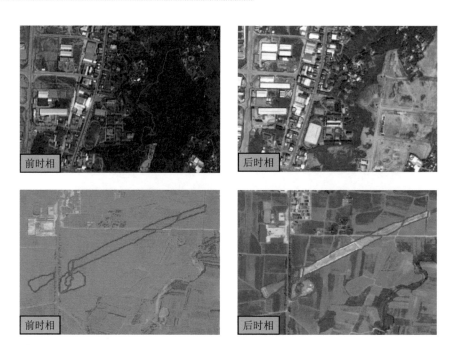

附图 6-59 建设用地变化监测示例

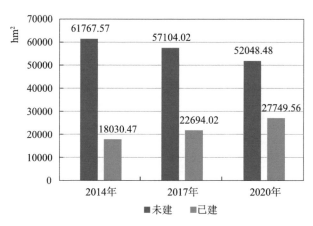

附图 6-60 2014—2020 年自治区以上工业园区建设情况

附图 6-61 钦州市工业园区变化提取结果

附图 6 - 62　柳州阳和工业园区变化提取结果

（a）　　　　　　　　　　　　　　　　（b）

附图 6 - 63　工业园区提取结果

（a）南宁；（b）中国—东盟南宁空港扶绥经济区